技工院校工学一体化课程教学资源

技工院校数控加工专业工学一体化教材

简单零件钳加工

工作页

主编◎崔兆华

中国劳动社会保障出版社

简介

本书为技工院校数控加工专业“简单零件钳加工”工学一体化课程的工作页，依据《数控加工（数控车工）专业国家技能人才培养工学一体化课程标准》编写，供各地技工院校开展工学一体化教学使用。

本书主要包括开瓶器的制作、錾口手锤的制作、对开夹板的制作三个学习任务。

图书在版编目（CIP）数据

简单零件钳加工工作页 / 崔兆华主编. -- 北京：中国劳动社会保障出版社，2025. --（技工院校工学一体化课程教学资源）（技工院校数控加工专业工学一体化教材）. -- ISBN 978-7-5167-6889-1

Ⅰ. TG9

中国国家版本馆 CIP 数据核字第 2025Y7C327 号

简单零件钳加工工作页

JIANDAN LINGJIAN QIANJIAGONG GONGZUOYE

中国劳动社会保障出版社出版发行

（北京市惠新东街 1 号　邮政编码：100029）

*

三河市华骏印务包装有限公司印刷装订　　新华书店经销

880 毫米 × 1230 毫米　16 开本　9 印张　215 千字

2025 年 7 月第 1 版　　2025 年 7 月第 1 次印刷

定价：32.00 元

营销中心电话：400-606-6496

出版社网址：https://www.class.com.cn

https://jg.class.com.cn

技工院校工学一体化课程教学资源
技工院校数控加工专业工学一体化教材

开发院校

牵头院校：临沂市技师学院

参与院校：开封技师学院　江苏省常州技师学院

指导专家

陈立群　杨伟波　孙晓华　张　良　史永利

本书编审人员

主　　编：崔兆华

参　　编：逯　伟　王　蕾　刘　帆　孙喜兵　徐　燕　何宏伟　王高尚

主　　审：邵明玲

序

技工教育的本质是就业教育，其最显著的特征是职业性，其最好的培养模式就是“在工作中学习、在学习中工作”。培育大批高技能人才，既要适应新一轮科技革命和产业变革的需要，也要遵循技能人才成长发展规律，创新技能人才培养方式。推进工学一体化技能人才培养模式改革是推进校企融合、提质培优的重要途径，是技工院校服务制造业和实体经济发展的务实举措。

2009 年，人力资源社会保障部办公厅印发了《技工院校一体化课程教学改革试点工作方案》，分三批在部分技工院校试点开展工学一体化课程教学改革工作，到 2021 年已经覆盖 31 个专业 191 所部级试点院校。经过十多年的发展，理念得到认同、试点不断扩大、学生学习兴趣明显提高，取得了显著成效。2022 年 3 月，人力资源社会保障部印发《推进技工院校工学一体化技能人才培养模式实施方案》，提出在全国技工院校大力推进工学一体化技能人才培养模式，实现百个专业、千所院校、万名教师的“百千万”工作目标，以促进技工院校人才培养模式变革、提升技能人才培养质量、带动形成技工院校改革创新新局面。

新一轮工学一体化课程教学改革开展聚焦“课程标准”“课程资源”“教师培养”三项重点工作，为持续推进技工院校工学一体化技能人才培养模式实施奠定了坚实基础。印发《〈国家技能人才培养工学一体化课程标准〉开发技术规程》，出版《工学一体化课程开发指导手册》，分三阶段指引完成 103 个专业国家技能人才培养工学一体化课程标准与课程设置方案开发；编制《工学一体化课程教学资源开发指南》，开发第一批 14 个专业 37 门课程工学一体化课程教学资源；印发《技工院校工学一体化教师培训标准》，出版《工学一体化教师培训指导手册》，依托工学一体化教师培训基地培育师资队伍；印发《技工院校工学一体化课堂、课程、专业、院校建设标准》，出版《工学一体化课程教学实施指导手册》，指引 1 000 所技工院校对标开展工学一体化优质课堂、精品课程、示范专业、骨干院校的建设工作，实现以评促建的目标。

教材建设是教学改革成果固化的重要载体。本次工学一体化课程教学资源按照工作逻辑呈现实践、理论知识和素养，遵循工作过程六步法，从工作向“工作 + 学习”融合，通过引导问题层层递进，实现“输入—内化—输出—考核”的学习闭环，突出学生心智技能和思维的培养，强调学生个人成长的积累。近年来，通过指导专家、几百位试点院校的骨干教师以及编辑团队共同努力，产出了教学指导用书、工作页及答案、信息页及数字资源等形式的系列教材学材，以满足技工院校的教学使用需求。

本系列教材及配套资源的出版，不仅是对本轮技工院校工学一体化技能人才培养模式改革工作的阶段性总结，也是打通从课程标准到课堂实施最后一公里的全新尝试，意义深远。希望全国技工院校将推行工学一体化技能人才培养模式作为创新人才培养模式、提高人才培养质量的重要抓手，为加快培养具有良好工作思维与习惯、自主学习意识与能力、精湛专业技艺与技能的复合型技能人才作出新的更大贡献！

技工教育和职业培训教学指导委员会

2025 年 4 月

目　录

学习任务一　开瓶器的制作

任务描述

【任务情景】公司餐厅需要制作图 1–1 所示的开瓶器，数量为 30 件，毛坯为 130 mm × 50 mm × 2 mm 的板料，材料为 Q235，工期为 5 天。生产主管计划由钳工组完成加工任务。

【任务要求】开瓶器表面要求光洁、美观、无毛刺。在制作过程中，严格按照工艺文件流程进行制作，遵守钳工车间安全生产制度和操作规范。

【任务资料】开瓶器生产任务单、开瓶器零件图、开瓶器加工工艺过程卡、领料单、工量刃具借（还）交接单、开瓶器质量检测表、产品交接单等。

观看开瓶器的制作微课，明确任务内容。

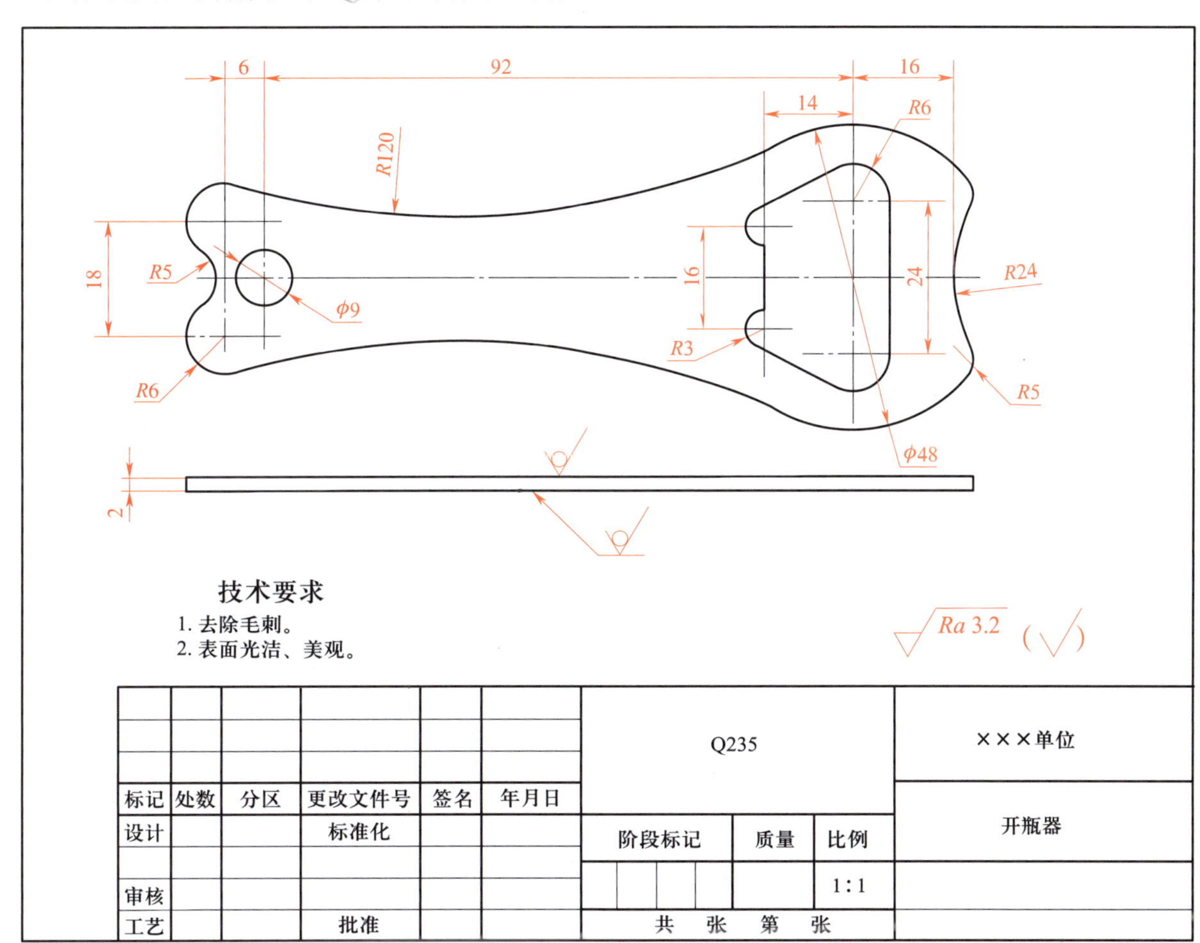

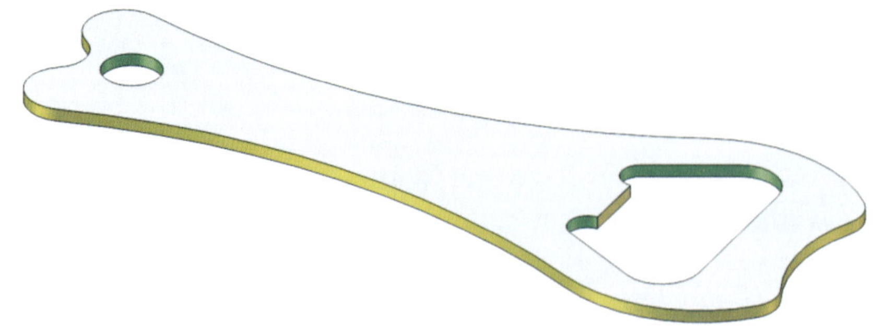

图 1-1　开瓶器

学习目标及学时

序号	学习环节	学时	学习目标
1	接受工作任务	4	能依据信息页等资料，正确识读生产任务单和开瓶器零件图，准确获取工作任务、零件尺寸和加工质量等信息
2	确定加工步骤	2	能在教师指导下，根据任务要求，制订合理的工作进度计划；能正确阅读开瓶器加工工艺过程卡，明确开瓶器加工步骤
3	加工准备	16	能在教师指导下，通过查阅信息页或观看操作视频，确定制作开瓶器的划线步骤、锯削方法、孔的加工方法、錾削方法、锉削方法
4	制作开瓶器	10	能依据开瓶器加工步骤，正确领取工量刃具，严格遵守钳工安全操作规程，完成开瓶器的制作
5	零件检测与加工质量分析	4	能按产品质量检验单要求，应用游标卡尺和半径样板等通用量具完成开瓶器加工质量检测，并进行产品质量分析及方案优化
6	工作总结与评价	4	能使用专业术语讲述任务完成情况，记录评价和改进建议，总结工作经验，优化加工策略，规范地撰写工作总结

学习路径

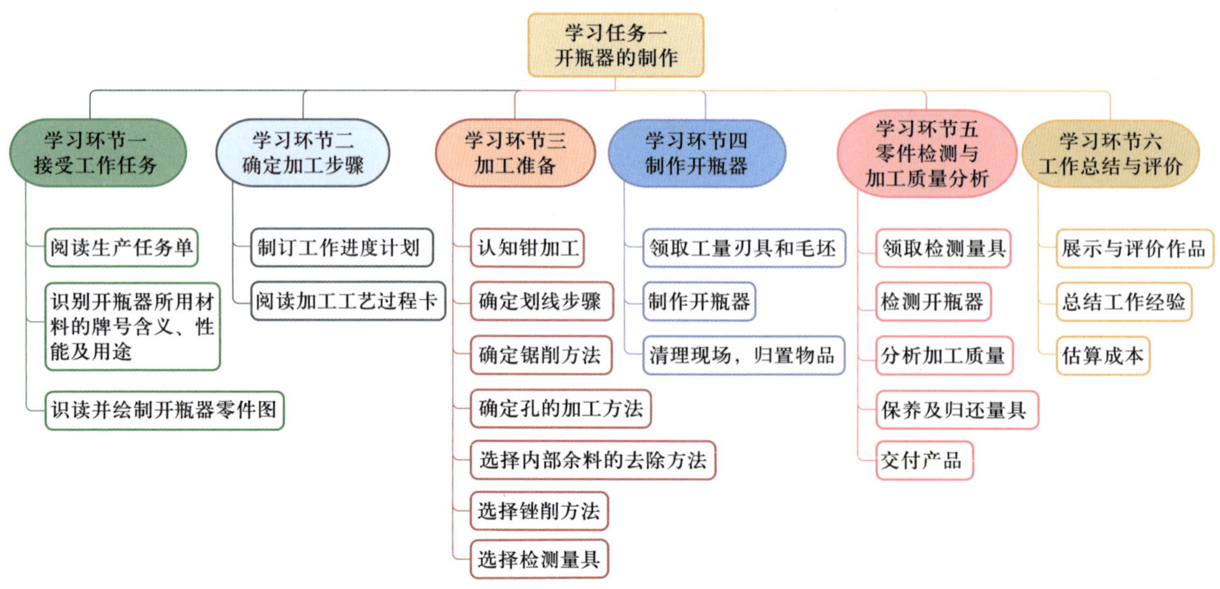

学习环节一　接受工作任务

学习目标

1. 能在教师指导下，从生产主管处领取并正确阅读生产任务单，准确获取零件名称、制作材料、零件数量和完成时间等任务信息。

2. 能在教师指导下，查阅信息页等资料，正确描述开瓶器所用材料的牌号含义、性能及用途。

3. 能在教师指导下，查阅信息页等资料，正确识读开瓶器零件图，准确获取开瓶器尺寸精度、质量要求等加工信息。

4. 能在教师指导下，确定开瓶器零件图的绘制步骤，正确、规范地绘制出开瓶器零件图。

建议学时

4 学时

学习要求

序号	学习步骤	学习内容	学时	备注
1	阅读生产任务单	生产任务信息的收集与提取	1	
2	识别开瓶器所用材料的牌号含义、性能及用途	碳素结构钢	1	
3	识读并绘制开瓶器零件图	1. 制图基本知识（图幅、标题栏、图线等） 2. 尺寸注法	2	

学习步骤

一、阅读生产任务单

（一）领取生产任务单

从生产主管处领取开瓶器生产任务单（表 1–1）。

表 1–1　　开瓶器生产任务单

单　　号：	开单时间：　　年　　月　　日　　时
开单部门：	开 单 人：
接 单 人：　　　　部　　　　组	签　　名：

续表

<table>
<tr><td colspan="5">以下由开单人填写</td></tr>
<tr><td>序号</td><td>产品名称</td><td>材料</td><td>数量</td><td>技术标准、质量要求</td></tr>
<tr><td>1</td><td>开瓶器</td><td>Q235</td><td>30</td><td>按图样要求</td></tr>
<tr><td>2</td><td></td><td></td><td></td><td></td></tr>
<tr><td>3</td><td></td><td></td><td></td><td></td></tr>
<tr><td>4</td><td></td><td></td><td></td><td></td></tr>
<tr><td colspan="2">任务细则</td><td colspan="3">1. 到仓库领取相应的材料
2. 根据现场情况选用合适的工具、量具和设备
3. 根据加工工艺进行加工，交付检验
4. 填写生产任务单，清理工作场地，完成工具、量具和设备的维护与保养</td></tr>
<tr><td colspan="2">任务类型</td><td>☑钳加工</td><td>完成工时</td><td>40 h</td></tr>
<tr><td colspan="5">以下由开单人填写</td></tr>
<tr><td colspan="2">领取材料</td><td></td><td colspan="2" rowspan="2">仓库管理员（签名）

年　月　日</td></tr>
<tr><td colspan="2">领取工具、量具</td><td></td></tr>
<tr><td colspan="2">完成质量
（小组评价）</td><td></td><td colspan="2">班组长（签名）

年　月　日</td></tr>
<tr><td colspan="2">用户意见
（教师评价）</td><td></td><td colspan="2">用户（签名）

年　月　日</td></tr>
<tr><td colspan="2">改进措施
（反馈改良）</td><td colspan="3"></td></tr>
</table>

注：生产任务单与零件图、加工工艺过程卡一起领取。

（二）获取生产任务信息

1. 阅读生产任务单，将零件名称、制作材料、零件数量和完成时间填入表 1–2 中。

表 1–2　　生产任务信息

零件名称		制作材料	
零件数量		完成时间	

2. 按照被加工金属在加工时的状态不同，机械制造通常分为热加工和冷加工两大类。每一类加工可按从事工作的特点分为不同的职业（工种）。与教师进行交流，了解机械制造的主要职业（工种）及其特点。

3. 开瓶器由哪个生产班组进行加工？

二、识别开瓶器所用材料的牌号含义、性能及用途

由表 1–1 生产任务单可知制作开瓶器的材料牌号为 Q235。查阅信息页，识别开瓶器所用材料的牌号含义、性能及用途。

1. Q235 是一种常见的金属材料，属于碳素结构钢，牌号中的字母 Q 表示什么？数字 235 表示什么？ Q235 具有哪些特性和用途？

2. 机械零件或工具在使用过程中往往要受到各种形式外力的作用，这就要求金属材料必须具有一种承受机械载荷而不超过许可变形或不被破坏的能力，这种能力就是材料的力学性能。在金属材料领域，常用哪些性能指标来衡量材料的力学性能呢？

3. Q235 能否满足开瓶器的使用性能要求？

三、识读并绘制开瓶器零件图

（一）识读开瓶器零件图

查阅信息页，识读开瓶器零件图，回答下列问题。

1. 国家标准《技术制图　图纸幅面和格式》（GB/T 14689—2008）规定了 A0、A1、A2、A3、A4 五种基本幅面。查阅国家标准，明确五种基本幅面的幅面尺寸和周边尺寸，填入表 1–3 中。根据开瓶器轮廓尺寸和视图类型，确定绘制开瓶器零件图的幅面。

表 1–3　　基本幅面尺寸　　mm

幅面代号	A0	A1	A2	A3	A4
尺寸 $B \times L$					
c					
a					
e					

2. 图 1–1 右下角的表格在机械制图中称为标题栏，它包含了哪些信息？其格式和尺寸应按哪个国家标准绘制？

3. 在绘制开瓶器零件图时，采用了粗实线、细实线、细点画线等线型，这些线型分别代表什么信息？

4. 在绘制图形时，需要确定零件图的定位尺寸和定形尺寸。仔细阅读开瓶器零件图，图中哪些尺寸是定位尺寸？哪些尺寸是定形尺寸？

5. 图 1–1 所示图样左侧 $R5$ mm 圆弧与 $R6$ mm 圆弧是什么关系？绘图时先绘制 $R5$ mm 圆弧还是 $R6$ mm 圆弧？

6. 图 1–1 所示图样右侧 $R5$ mm 圆弧与 $\phi48$ mm 圆弧是什么关系？ $R5$ mm 圆弧与 $R24$ mm 圆弧是什么关系？如何绘制 $R5$ mm 圆弧？

7. 如何绘制图 1–1 中的 $R120$ mm 圆弧？

（二）绘制开瓶器零件图

按照原图抄画开瓶器零件图（可附图纸，粘贴于此）。

学习环节二　确定加工步骤

学习目标

1. 能在教师指导下，根据工作任务要求，以小组合作方式制订合理的工作进度计划，并根据小组成员的特点进行分工。

2. 能在教师指导下，查阅信息页等资料，准确识读开瓶器加工工艺过程卡，获取工序信息，确定开瓶器的加工步骤。

3. 能通过识读开瓶器加工工艺过程卡，获取制作开瓶器每个工序的名称、所用设备和工艺装备等信息。

4. 能通过识读开瓶器加工工艺过程卡，获取加工开瓶器内外轮廓的加工步骤。

建议学时

2 学时

学习要求

序号	学习步骤	学习内容	学时	备注
1	制订工作进度计划	工作进度计划	0.5	
2	阅读加工工艺过程卡	1. 生产过程与工艺过程 2. 加工工艺过程卡	1.5	

学习步骤

一、制订工作进度计划

根据生产任务工时和要求，在教师的指导下，制订合理的工作进度计划（表 1–4），并根据小组成员的特点进行分工。

表 1–4　　工作进度计划

序号	工作内容	时间	成员	负责人
1	确定加工步骤			

续表

序号	工作内容	时间	成员	负责人
2	加工准备			
3	制作开瓶器			
4	零件检测与加工质量分析			
5	工作总结与评价			

二、阅读加工工艺过程卡

（一）获取开瓶器加工工艺信息

阅读开瓶器加工工艺过程卡（表 1–5），查阅信息页，回答下列问题。

表 1–5　　开瓶器加工工艺过程卡

<table>
<tr><td colspan="3" rowspan="2">加工工艺过程卡</td><td colspan="2">产品型号</td><td colspan="3"></td><td colspan="2">零（部）件图号</td><td colspan="5"></td></tr>
<tr><td colspan="2">产品名称</td><td colspan="3"></td><td colspan="2">零（部）件名称</td><td colspan="2">开瓶器</td><td>共　页</td><td colspan="2">第　页</td></tr>
<tr><td>材料牌号</td><td>Q235</td><td>毛坯种类</td><td>板料</td><td colspan="2">毛坯外形尺寸</td><td colspan="3">130 mm × 50 mm × 2 mm</td><td>每毛坯可制件数</td><td>1</td><td>每台件数</td><td></td><td>备注</td><td></td></tr>
<tr><td rowspan="2">工序号</td><td rowspan="2">工序名称</td><td colspan="5" rowspan="2">工序内容</td><td rowspan="2">车间</td><td rowspan="2">工段</td><td rowspan="2">设备</td><td colspan="3" rowspan="2">工艺装备</td><td colspan="2">工时</td></tr>
<tr><td>单件</td><td>最终</td></tr>
<tr><td>1</td><td>划线</td><td colspan="5">划出开瓶器轮廓线和锯削加工线</td><td>钳加工</td><td></td><td>—</td><td colspan="3">平板、划针、划规、钢直尺、游标卡尺、游标高度卡尺、样冲、锤子等</td><td></td><td></td></tr>
<tr><td>2</td><td>钻孔</td><td colspan="5">钻 ϕ9 mm 孔，钻 2 个 ϕ6 mm 孔和 2 个 ϕ12 mm 工艺孔，钻去料排孔（用 ϕ3 mm 麻花钻）</td><td>钳加工</td><td></td><td>台式钻床</td><td colspan="3">ϕ9 mm、ϕ6 mm、ϕ12 mm、ϕ3 mm 麻花钻</td><td></td><td></td></tr>
<tr><td>3</td><td>錾削</td><td colspan="5">錾掉内轮廓余料</td><td>钳加工</td><td></td><td>台虎钳</td><td colspan="3">锤子、扁錾</td><td></td><td></td></tr>
<tr><td>4</td><td>锉削</td><td colspan="5">锉削内轮廓</td><td>钳加工</td><td></td><td>台虎钳</td><td colspan="3">扁锉、半圆锉、圆锉、钢直尺、游标卡尺、半径样板</td><td></td><td></td></tr>
<tr><td>5</td><td>锯削</td><td colspan="5">沿锯削加工线锯掉多余边料</td><td>钳加工</td><td></td><td>台虎钳</td><td colspan="3">手锯</td><td></td><td></td></tr>
</table>

续表

工序号	工序名称	工序内容	车间	工段	设备	工艺装备	工时	
							单件	最终
6	锉削	锉削外轮廓	钳加工		台虎钳	扁锉、半圆锉、圆锉、钢直尺、游标卡尺、半径样板		
7	检验	按图样尺寸和质量要求检验工件	检验室		—	平板、钢直尺、游标卡尺、半径样板		

										设计（日期）	审核（日期）	标准化（日期）	会签（日期）
标记	处数	更改文件号	签字	日期	标记	处数	更改文件号	签字	日期				

1. 查阅信息页，学习加工工艺过程卡的概念，明确加工工艺过程卡主要包括哪些内容。

2. 由表 1–5 可知，制作开瓶器需要经过 7 道工序。查阅信息页，学习工序的概念，明确工序划分的依据。

3. 阅读开瓶器加工工艺过程卡，明确开瓶器所用的毛坯种类和毛坯外形尺寸。

4. 制作开瓶器用到的设备有哪些？

5. 划线时用到的工艺装备有哪些？

（二）确定开瓶器加工步骤

1. 开瓶器各工序主要加工内容有哪些？

2. 加工开瓶器内轮廓需要经过哪几个步骤？

3. 加工开瓶器外轮廓需要经过哪几个步骤？

学习环节三　加工准备

学习目标

1. 能在教师指导下，查阅信息页或观看操作视频，明确钳工的定义，熟悉钳工工作特点和主要工作任务。

2. 能与教师进行专业沟通，正确识别钳工常用设备、工具和量具，并准确描述其用途。

3. 能通过查阅信息页等资料，准确描述企业对钳工工作的安全文明生产要求。

4. 能在教师指导下，通过查阅信息页或观看操作视频，确定制作开瓶器的划线步骤、锯削方法、孔的加工方法、錾削方法、锉削方法。

5. 能在教师指导下，规范应用游标卡尺和半径样板测量长度尺寸和圆弧半径。

建议学时

16 学时

学习要求

序号	学习步骤	学习内容	学时	备注
1	认知钳加工	1. 钳工岗位认知 2. 钳工常用设备认知 3. 钳工常用工具认知 4. 钳工常用量具认知	4	
2	确定划线步骤	划线基础知识及划线操作	2	
3	确定锯削方法	锯削基础知识及锯削操作	2	
4	确定孔的加工方法	钻孔基础知识及钻孔方法	2	
5	选择内部余料的去除方法	錾削基础知识及錾削方法	2	
6	选择锉削方法	锉削基础知识及锉削方法	2	
7	选择检测量具	1. 游标卡尺的应用 2. 半径样板的应用	2	

学习步骤

一、认知钳加工

（一）认识钳工岗位

1. 查阅信息页，学习钳工的概念，明确钳工名称的由来。

2. 在机械制造过程中，钳工主要从事哪些工作？它具有哪些特点？

3. 查阅信息页，识别表 1–6 所列举的钳工基本操作内容，并简要介绍各项操作。

表 1–6　钳工基本操作内容及操作简介

序号	图示	操作内容	操作简介
1	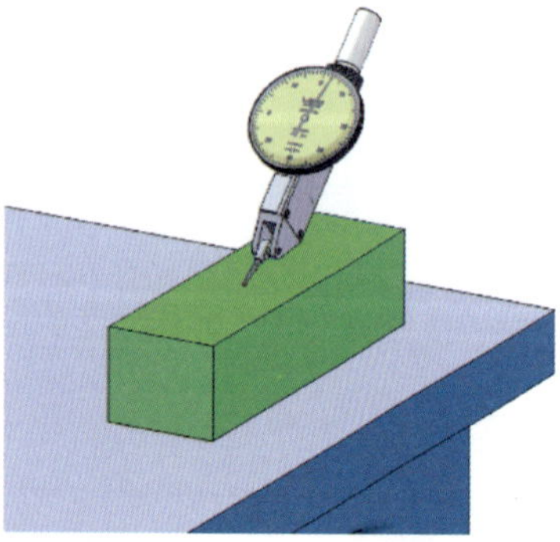		
2	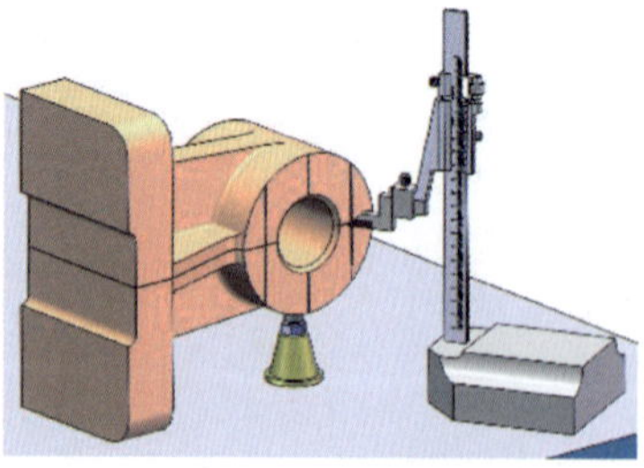		
3	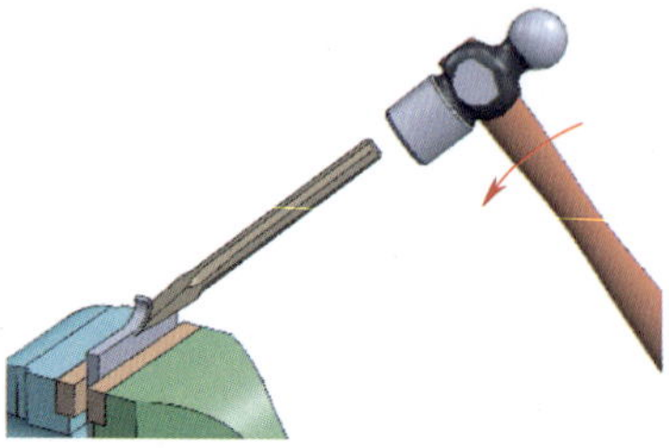		

续表

序号	图示	操作内容	操作简介
4	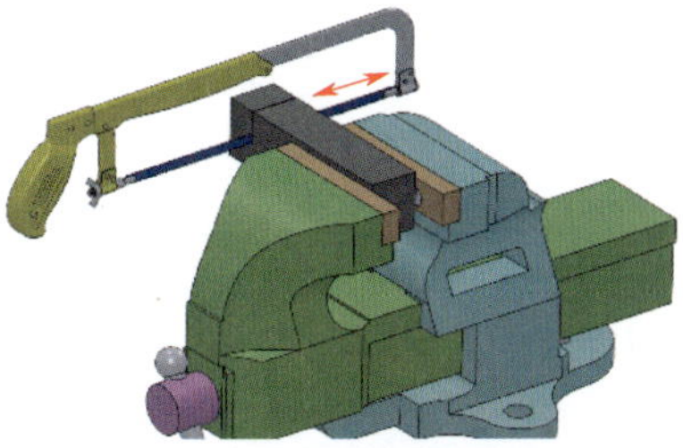		
5	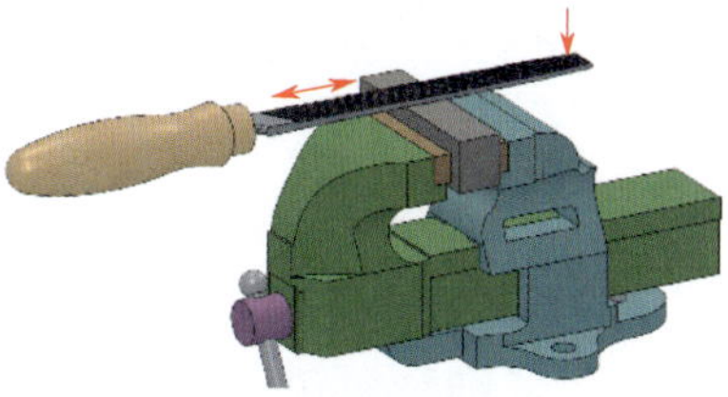		
6	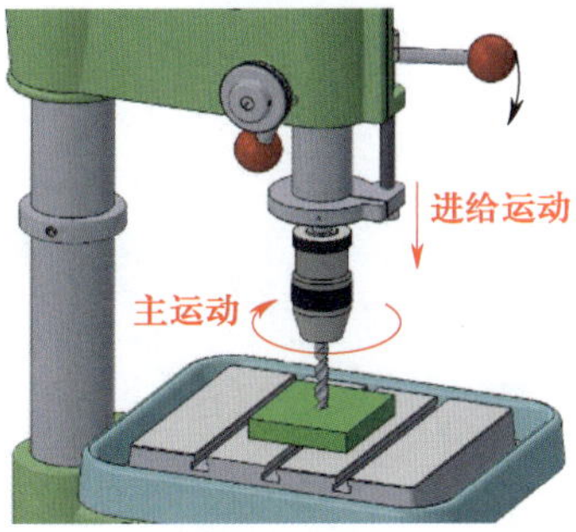		
7	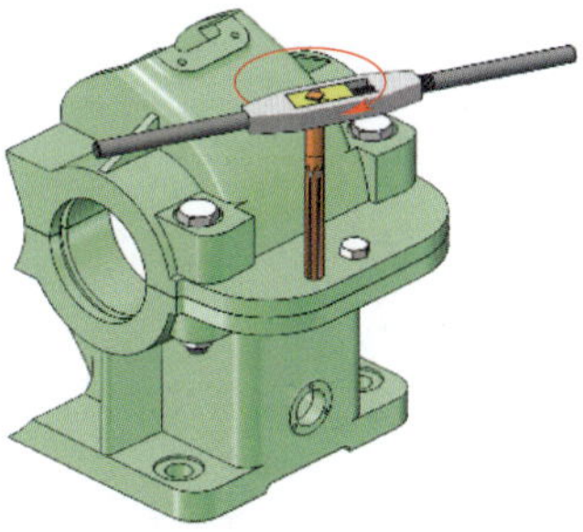		
8	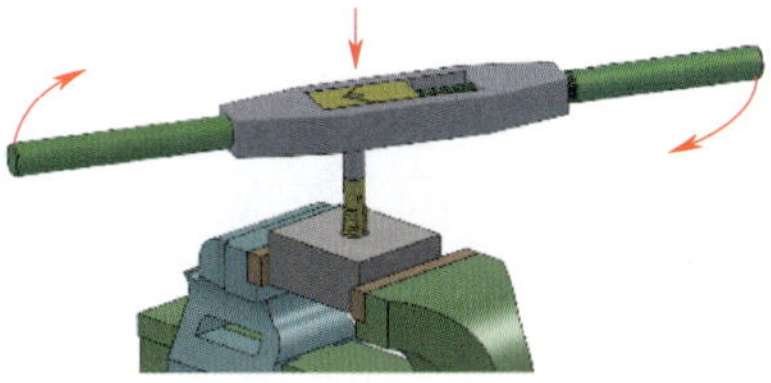		
9	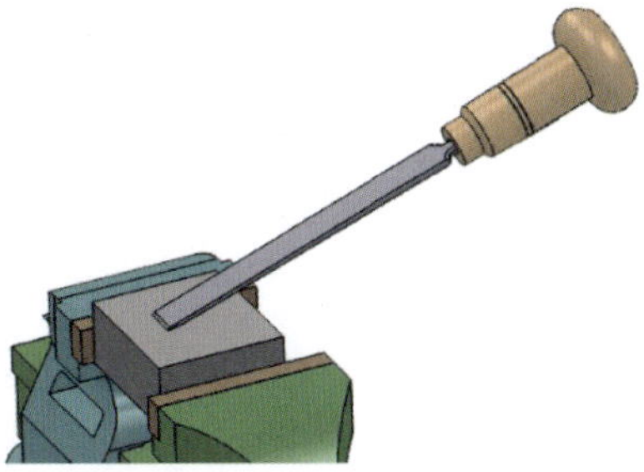		

续表

序号	图示	操作内容	操作简介
10			

（二）识别钳工常用设备、工具和量具

1. 认识钳工常用设备

（1）认识台虎钳

台虎钳是用来夹持工件进行加工的必备设备，如图 1–2 所示。仔细观察钳工车间所配台虎钳，并观看台虎钳的结构与工作原理演示动画及台虎钳的操作视频，回答下列问题。

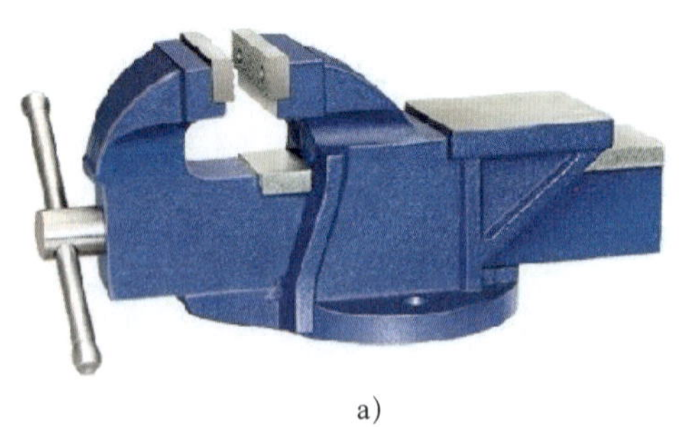

a）

b）

图 1–2　台虎钳

a）固定式台虎钳　b）回转式台虎钳

1）钳工车间配备了哪几种台虎钳？它们各由哪些零部件组成？

2）台虎钳的规格是用什么表示的？常用的规格有哪些？

3）顺时针转动台虎钳手柄，观察台虎钳活动钳身的移动方向，此操作是夹紧工件还是松开工件？

4）查阅信息页，获取并熟记台虎钳安全使用注意事项。

（2）认识钳台

钳台也叫钳桌，如图 1–3 所示。钳台用于安装台虎钳、放置工具和工件等。

1）仔细观察钳工车间所配钳台，其上安装了哪些设备？估测钳台的高度。

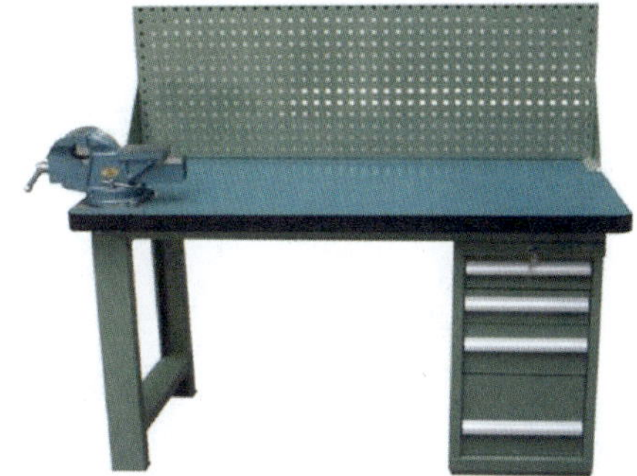

图 1–3　钳台

2）查阅信息页，获取并熟记钳台安全使用注意事项。

（3）认识砂轮机

砂轮机（图 1–4）主要用来刃磨錾子、钻头、刮刀或其他工具，也可用来磨去工件或材料上的毛刺、锐边、氧化皮等。

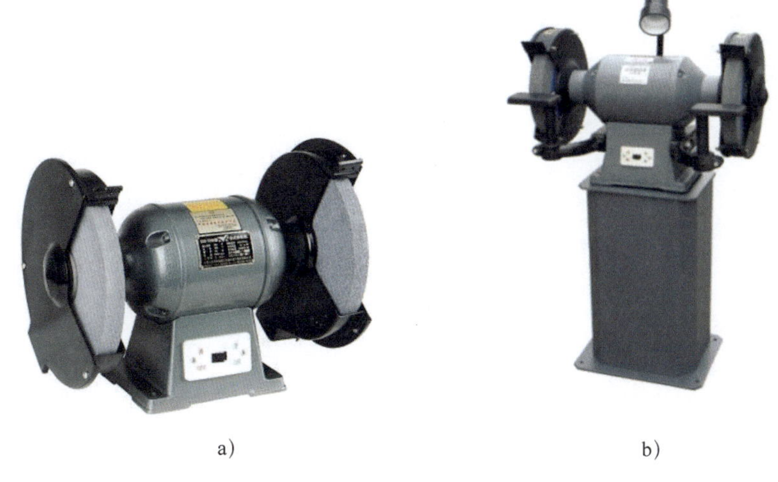

a）　　　b）

图 1–4　砂轮机

a）台式砂轮机　b）立式砂轮机

1）观察钳工车间所配砂轮机，查看铭牌，记录其型号。

2）查阅信息页，获取并熟记砂轮机安全使用注意事项。

（4）认识钻床

钻床是用来对工件进行孔加工的设备，可分为台式钻床、立式钻床和摇臂钻床等，如图 1–5 所示。

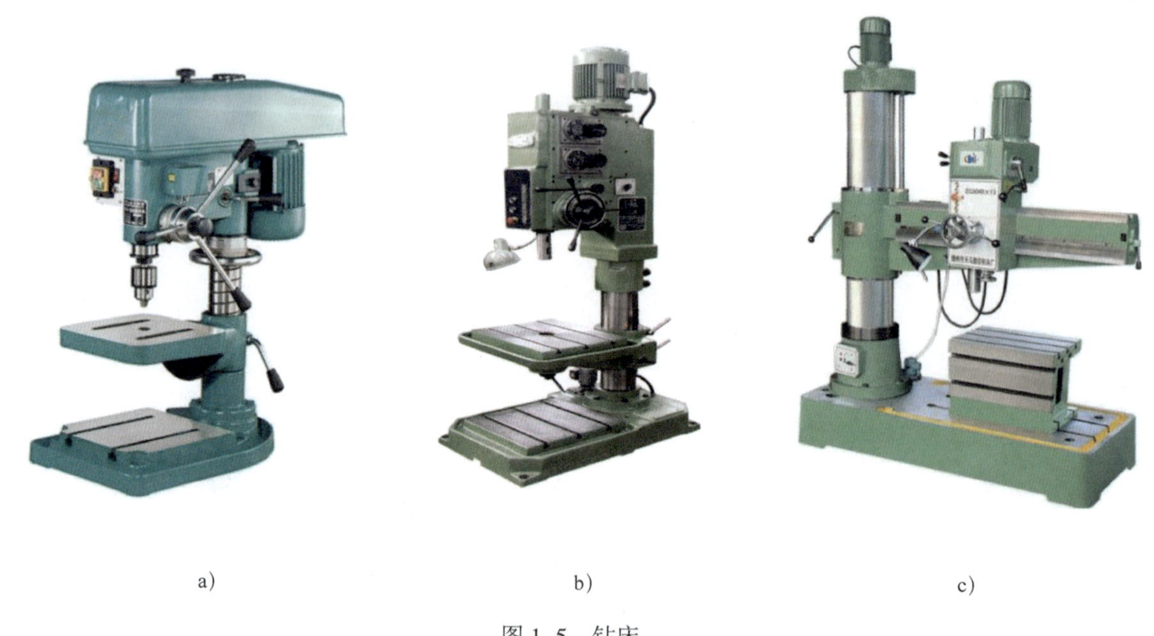

a) b) c)

图 1–5 钻床

a）台式钻床 b）立式钻床 c）摇臂钻床

1）观察钳工车间所配钻床，查看铭牌，记录其型号。

2）查阅信息页，获取并熟记钻床使用安全要求。

2. 认识钳工常用工具

参观钳工车间或查阅信息页，写出表 1–7 中钳工常用工具的名称及其用途。

表 1–7　　钳工常用工具的名称及其用途

图示	工具名称	用途
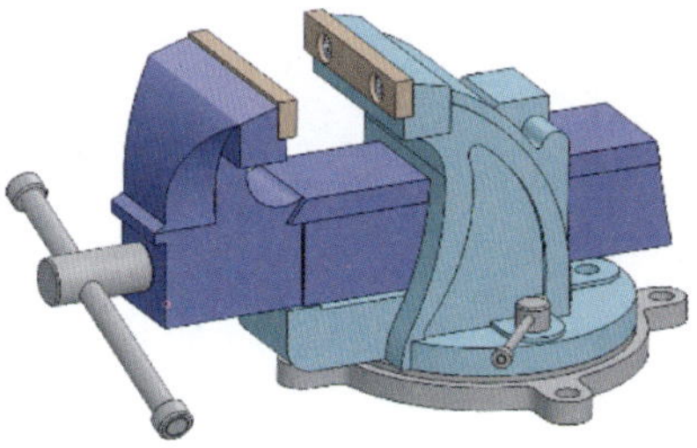		
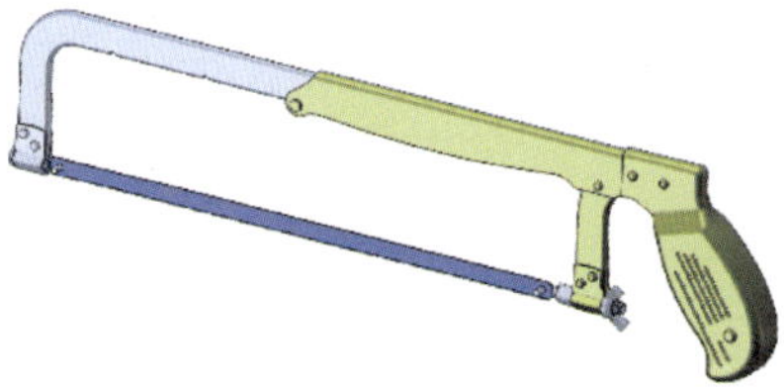		
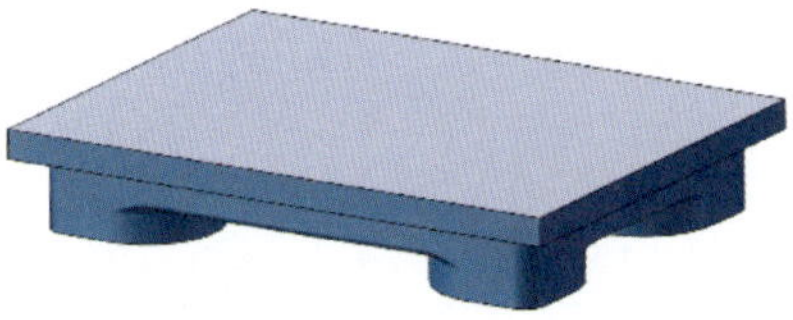		
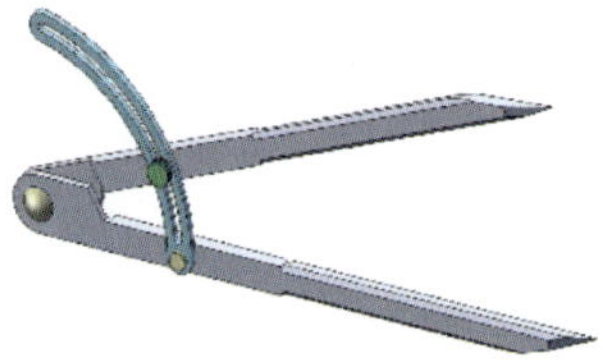		

续表

图示	工具名称	用途
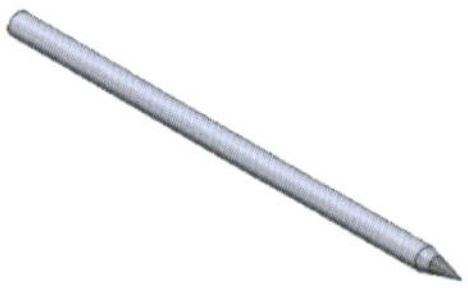		

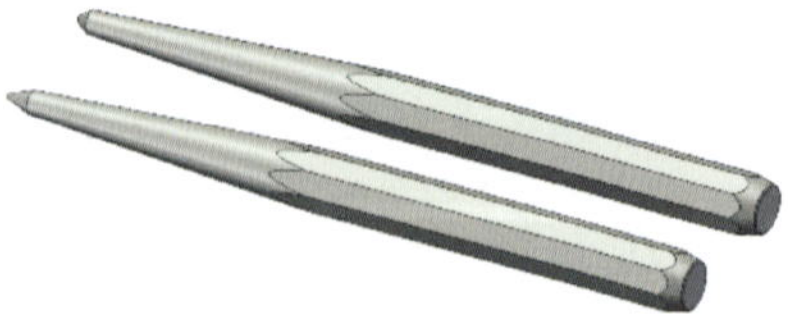		

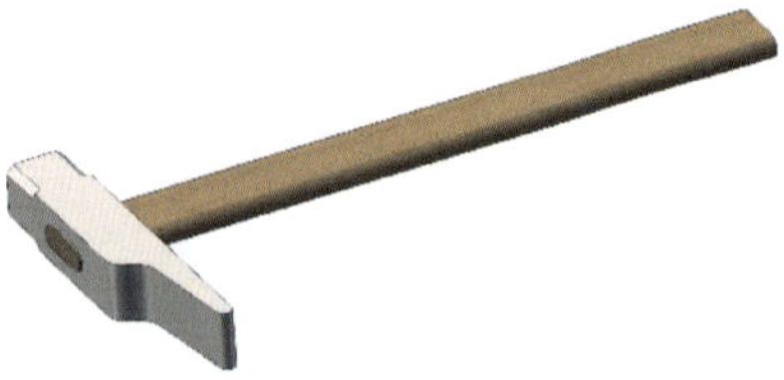		
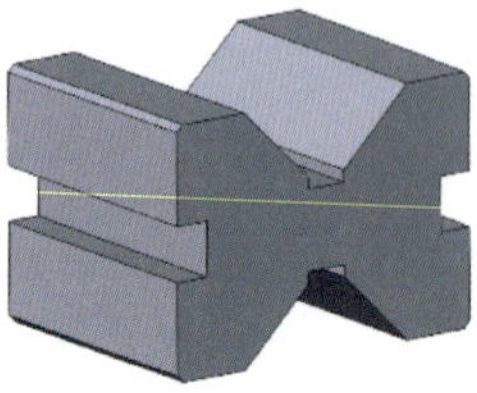		

续表

图示	工具名称	用途
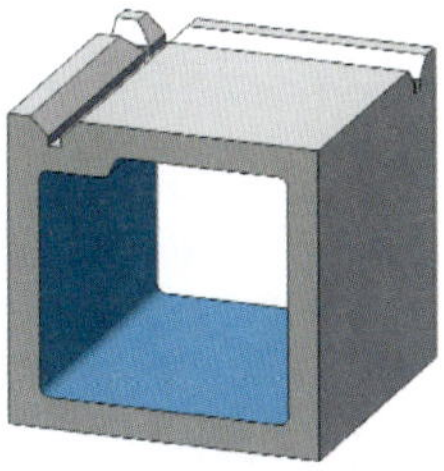		

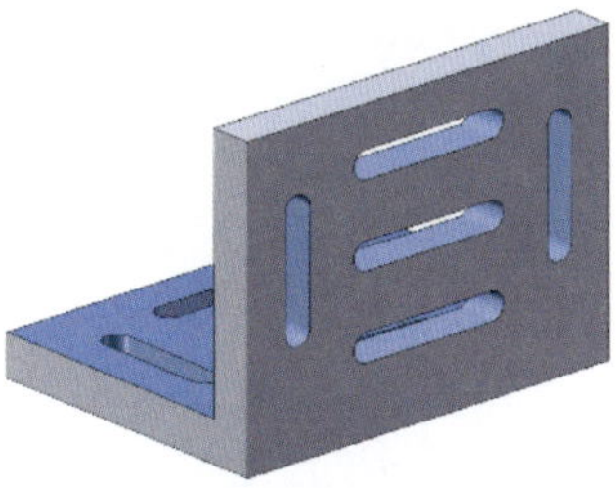		
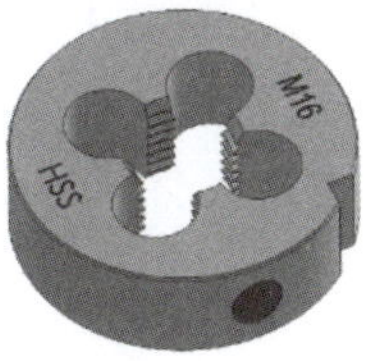		
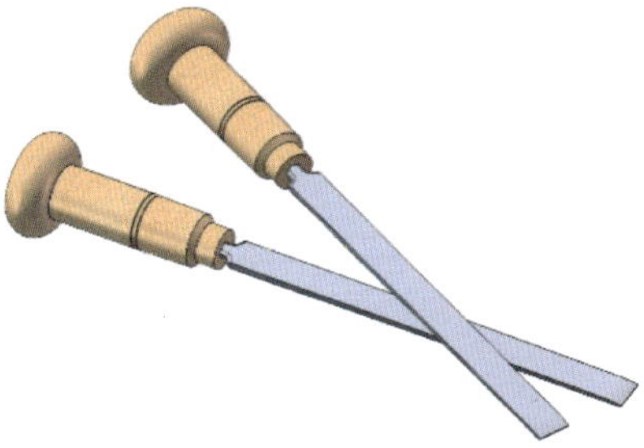		

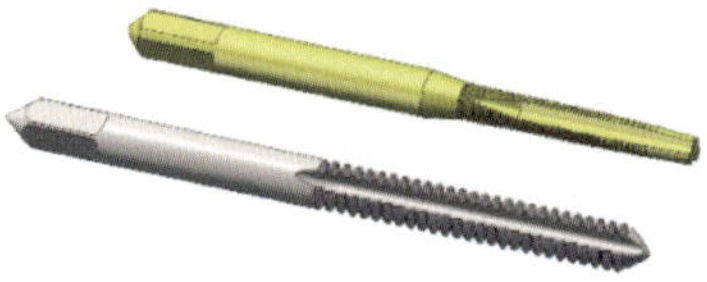		

3. 认识钳工常用量具

量具是以固定形式复现量值的计量器具。钳工车间配备了多种量具，查阅信息页，识别表 1–8 所列钳工常用量具的名称及其用途。

表 1–8 钳工常用量具的名称及其用途

图示	量具名称	用途
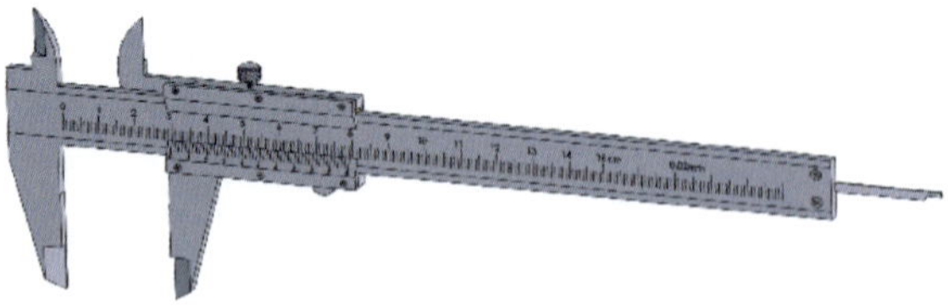		
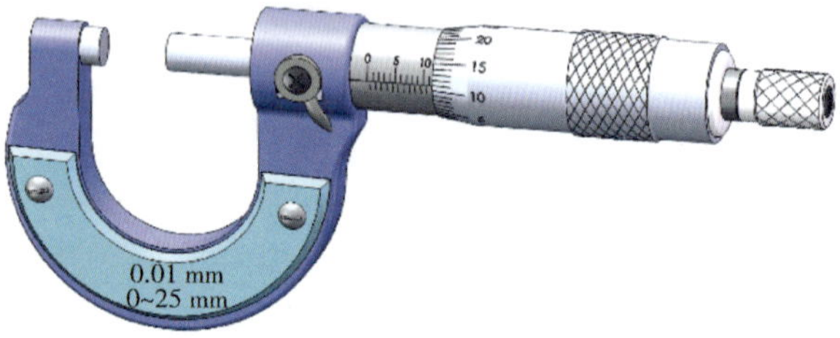 0.01 mm 0~25 mm		
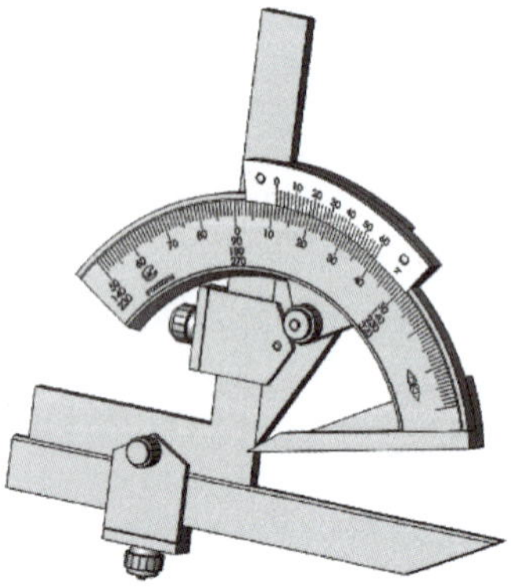		
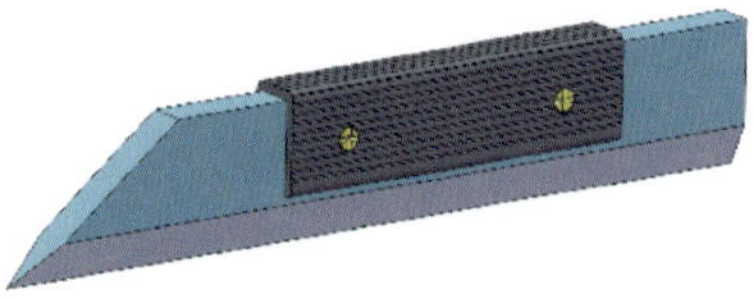		
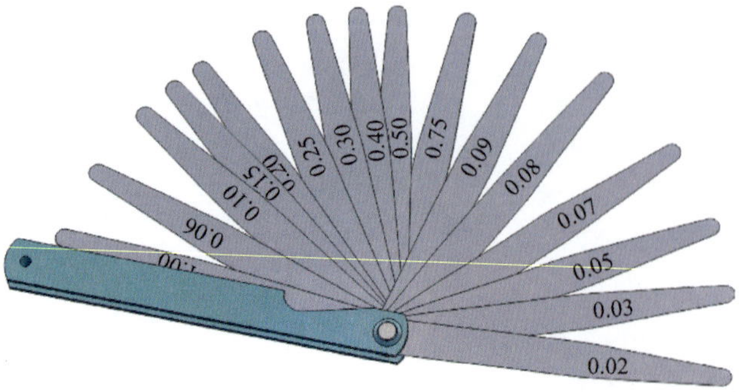 0.02 0.03 0.05 0.07 0.08 0.09 0.75 0.50 0.40 0.30 0.25 0.20 0.15 0.10 0.06 0.04		

续表

图示	量具名称	用途
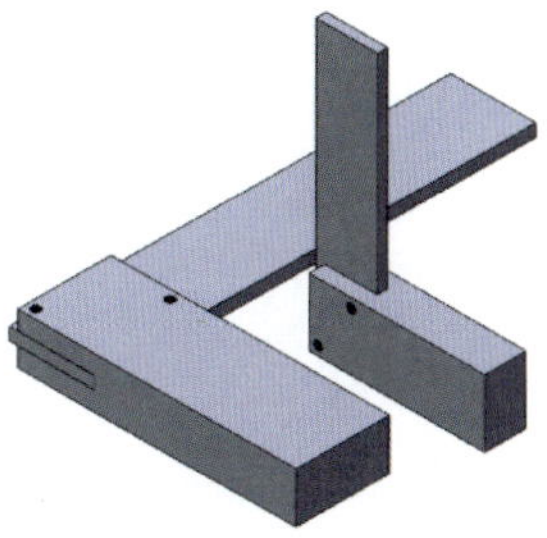		
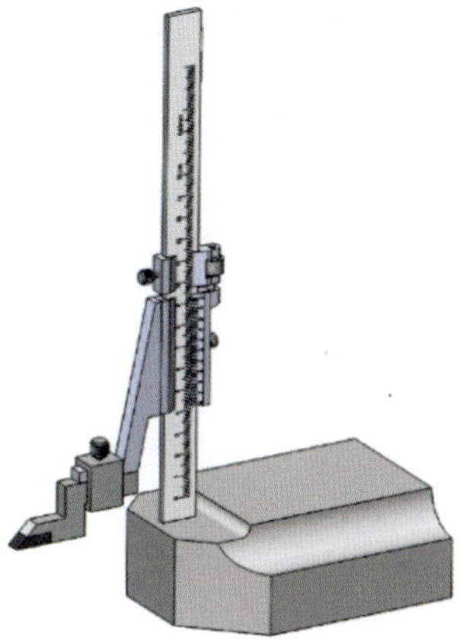		
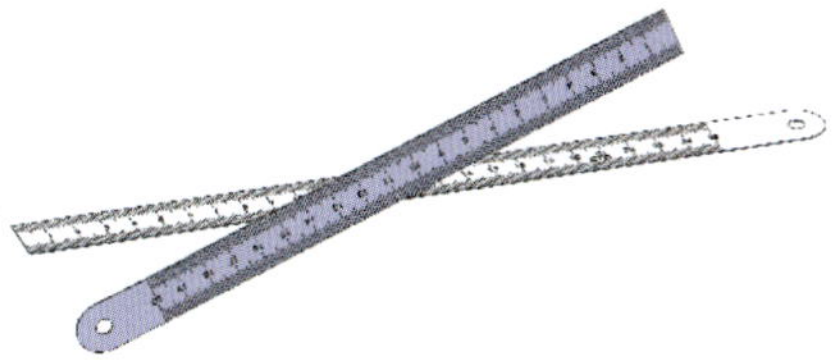		
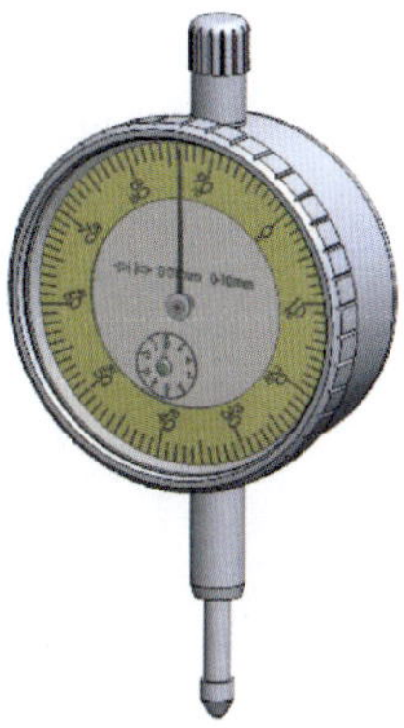		

（三）获取钳工安全文明生产基本信息

遵守劳动纪律，执行安全操作规程，严格按工艺要求操作是保证产品质量的重要前提。作为一名钳工，要不断增强“安全第一，预防为主”的意识。查阅信息页，学习钳工安全操作规程，并回答下列问题。

1. 钳工操作时对劳动防护用品有哪些要求？

2. 钳工操作时是否允许擅自使用不熟悉的设备、工具和量具？

3. 使用电动工具要注意哪些事项？

4. 钳工操作时对工具、量具的安放有何要求？

5. 钳工操作时对毛坯和工件的摆放有何要求？

6. 钳工操作时对清除切屑有何要求？

7. 钳工操作时对工作场地有何要求？

二、确定划线步骤

查阅信息页，获取划线知识与划线方法，确定开瓶器划线步骤。

（一）获取划线知识与划线方法

1. 什么是划线？划线有什么作用？

2. 图 1–6 所示为划线的两种方式，查阅信息页，并观看平面划线和立体划线的操作视频，学习两种划线方式的概念，确定开瓶器的划线方式。

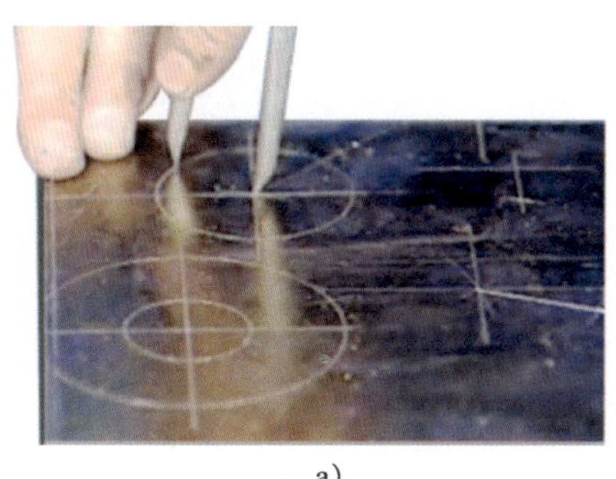

a）

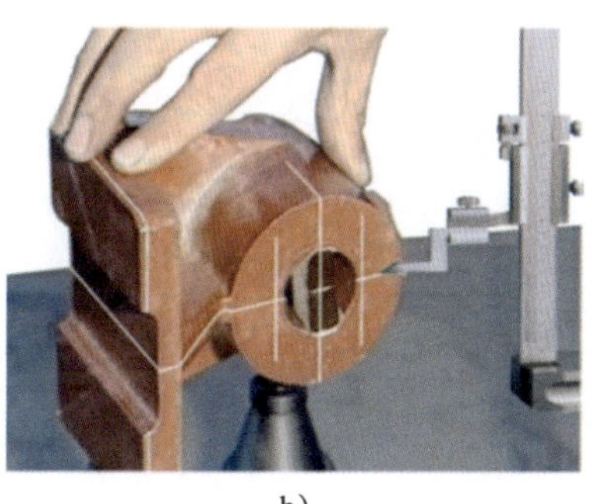

b）

图 1–6　划线

a）平面划线　b）立体划线

3. 查阅信息页，学习划线基准知识，回答问题：什么是划线基准？划线基准的类型有哪几种？开瓶器的划线采用哪种基准？

4. 开瓶器内外轮廓是由多个圆弧构成的，划线时会遇到圆弧与两圆内切或外切的情况。查阅信息页，学习常用的基本划线方法，写出图 1-7 所示图形的划线方法。

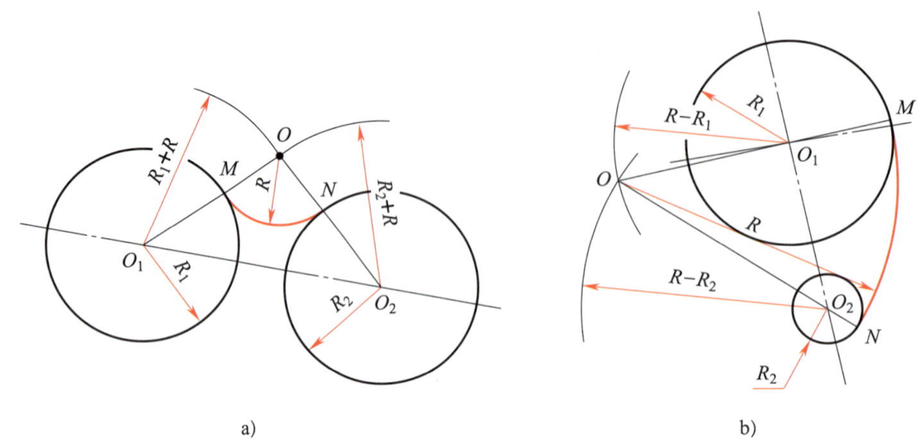

图 1-7 圆弧的划线方法

a）圆弧与两圆外切 b）圆弧与两圆内切

5. 查阅信息页，回答问题：什么是找正？找正时应注意哪些事项？

6. 查阅信息页，回答问题：什么是借料？在开瓶器上划 R120 mm 圆弧加工线时，能否在毛坯上划出该圆弧的圆心位置？

（二）确定开瓶器划线步骤

根据所学划线知识和开瓶器零件图，确定开瓶器的划线步骤。

三、确定锯削方法

查阅信息页，获取锯削操作知识，确定开瓶器的锯削方法。

（一）获取锯削操作知识

1. 什么是锯削？锯削的用途有哪些？

2. 图 1–8 所示为手锯，查阅信息页，说明手锯的组成。

a）　　　　b）

图 1–8　手锯

a）固定式手锯　b）可调式手锯

3. 查阅信息页，学习锯条的规格，回答问题：锯条的粗细规格是用什么表示的？如何选择锯条的粗细？锯削开瓶器边缘余料应选择什么样的锯条？

4. 图 1–9 所示为锯条的安装示意图，哪种方式是正确的？观看锯条的安装方法视频，总结锯条安装注意事项。

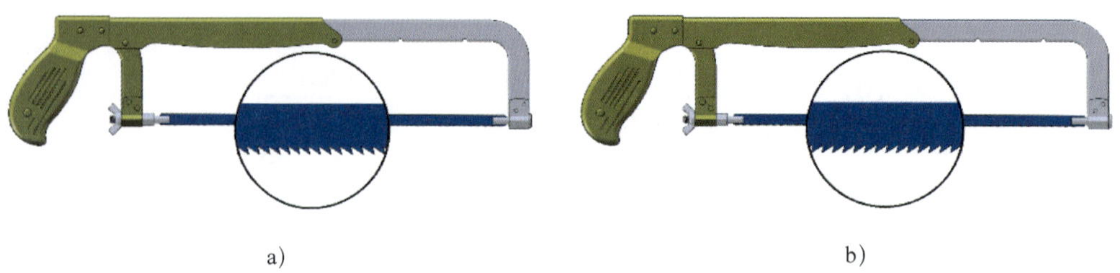

图 1–9 锯条的安装示意图

5. 锯削时，对工件的装夹有何要求？

6. 图 1-10 所示为锯削时的站立姿势，观看锯削的姿势和动作视频，总结锯削时对站立姿势和手锯握法的要求。

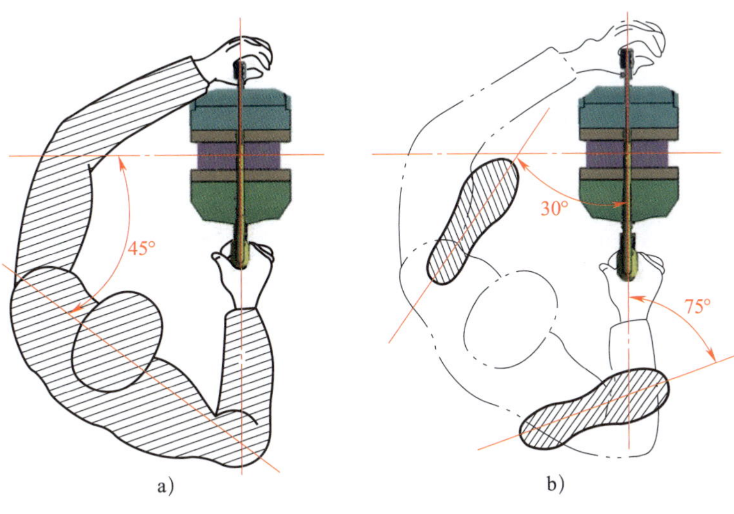

图 1-10　锯削时的站立姿势

a）锯削时的身体和手臂位置　b）锯削步位

7. 起锯是锯削工作的开始，起锯质量的好坏直接影响锯削的质量。观看起锯方法视频，回答问题：起锯方法有哪几种？起锯时应注意哪些事项？

8. 查阅信息页，并观看锯削的姿势和动作视频，总结推锯时锯弓的运动方式，说明各种方式的操作要点。

（二）确定开瓶器的锯削方法

开瓶器毛坯为板料，查阅信息页或观看薄板料的锯削方法视频，确定开瓶器的锯削方法。

四、确定孔的加工方法

查阅信息页，获取钻孔操作知识，确定开瓶器上孔的加工方法。

（一）获取钻孔操作知识

1. 什么是钻孔？

2. 查阅信息页，学习麻花钻的组成，回答下列问题。

（1）麻花钻由钻体和钻柄组成，如图 1–11 所示，说明麻花钻各组成部分的作用。

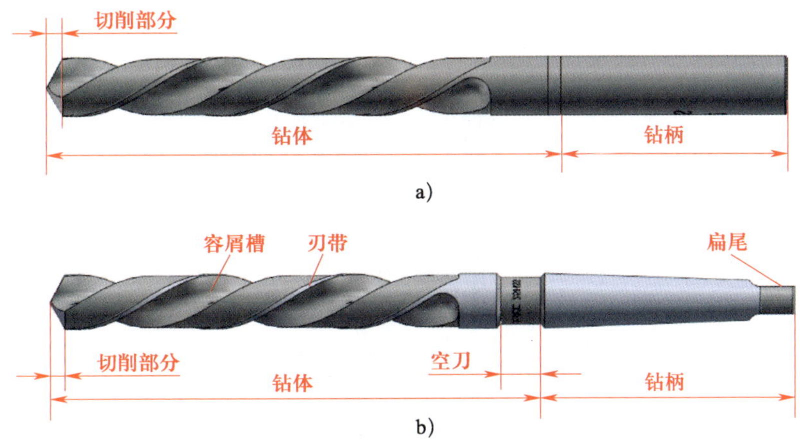

图 1–11 麻花钻

a）直柄麻花钻 b）锥柄麻花钻

（2）麻花钻切削部分是指由产生切屑的诸要素（主切削刃、横刃、前面、主后面、刀尖等）所组成的工作部分，如图 1–12 所示，标出各要素的名称。

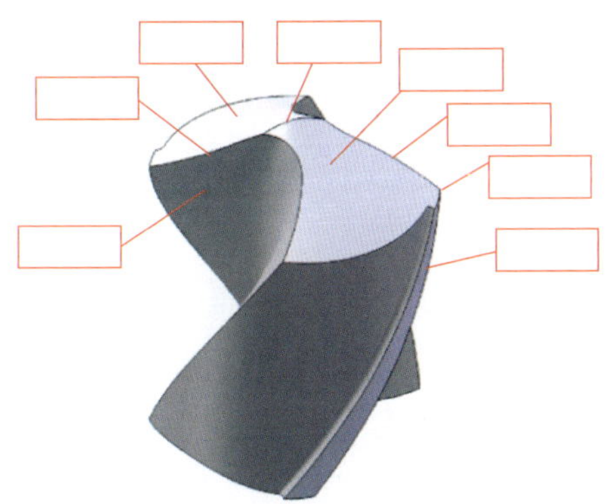

图 1–12 麻花钻切削部分

3. 台式钻床如图 1–13 所示，观看台式钻床的结构与工作原理演示动画，写出台式钻床的主要组成部分名称。

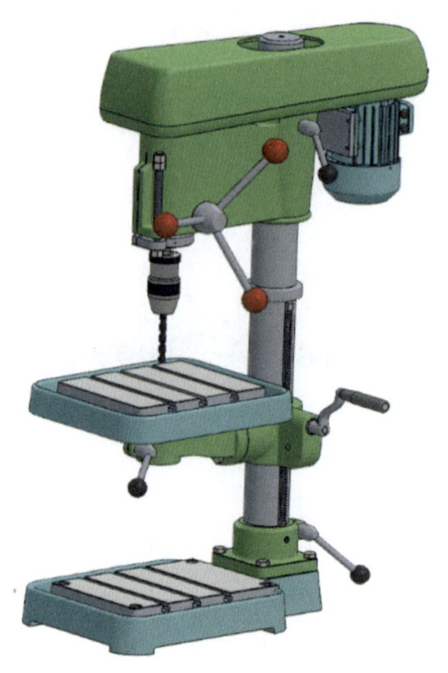

图 1–13　台式钻床

4. 查阅信息页，回答问题：什么是钻削用量？如何选择钻削用量？

（二）确定开瓶器孔的加工方法

1. 制作开瓶器时，需要钻哪几种规格的孔？

2. 钻 ϕ3 mm（去料排孔）、ϕ6 mm、ϕ9 mm、ϕ12 mm 四种规格孔时，需要将麻花钻装夹到钻床主轴上。观看麻花钻的装夹视频，总结上述四种规格麻花钻的装夹方法。

3. 钻开瓶器上的 ϕ6 mm、ϕ9 mm、ϕ12 mm 孔时，如何装夹毛坯？

4. 如何钻开瓶器上的 ϕ6 mm、ϕ9 mm、ϕ12 mm 孔？

五、选择内部余料的去除方法

查阅信息页，获取錾削操作知识，选择开瓶器内部余料的去除方法。

（一）获取錾削操作知识

1. 什么是錾削？錾削主要用于哪些场合？

2. 常用的錾子有扁錾、尖錾和油槽錾，见表 1–9，说明各种錾子的用途。

表 1–9 常用錾子的种类与用途

名称	图示	用途
扁錾		
尖錾		
油槽錾		

3. 錾削角度

錾削时，錾子与工件之间应形成适当的切削角度。图 1–14 所示为錾削平面时的錾削角度。查阅信息页，将錾削角度的定义与作用填入表 1–10 中。

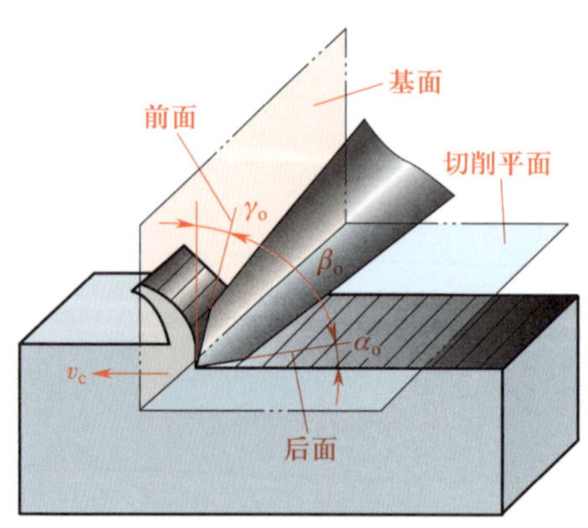

图 1–14 錾削角度

表 1–10 錾削角度的定义与作用

錾削角度	定义	作用
楔角 β_o		
后角 α_o		
前角 γ_o		

4. 錾子的刃磨与热处理

查阅信息页，并观看錾子的刃磨方法视频，回答下列问题。

（1）总结錾子的刃磨方法。

（2）錾子经刃磨后，必须进行淬火和回火处理后方可使用。如何对錾子进行淬火和回火处理？

5. 錾削姿势

观看錾削姿势视频，回答下列问题。

（1）錾削时，锤子的握法有哪几种？各有什么特点？

（2）錾削时，錾子的握法有哪几种？各有什么特点？

（3）錾削时，挥锤方法有哪几种？各有什么特点？

（4）总结錾削时的站立姿势。

（5）观看锤子的使用方法视频，总结锤击要领。

（二）选择开瓶器内部余料的去除方法

去除开瓶器内部余料一般采用什么方法？

六、选择锉削方法

查阅信息页，获取锉削操作知识，选择开瓶器内外轮廓的锉削方法。

（一）获取锉削操作知识

1. 什么是锉削？

2. 图 1–15 所示为锉刀，说明各部分的作用。观看锉刀柄的装拆视频，写出安装锉刀柄时的注意事项。

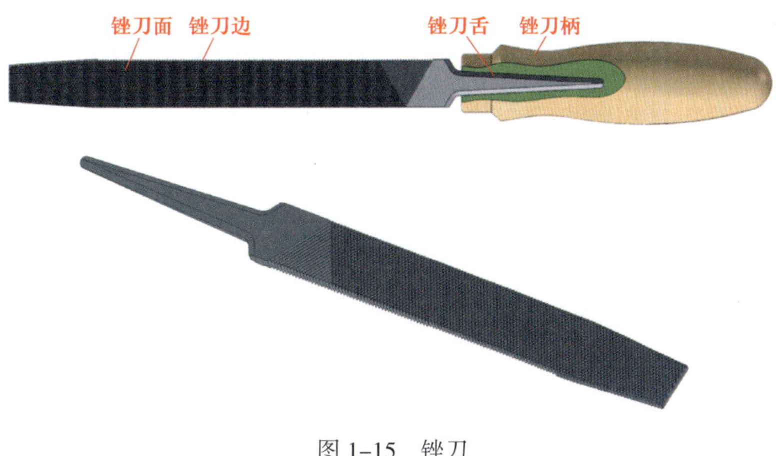

图 1–15　锉刀

3. 按用途不同，锉刀分为哪几类？

4. 锉刀规格包括尺寸规格和锉纹粗细规格两种。查阅信息页，说明它们各是如何规定的。

（二）选择开瓶器内外轮廓锉削方法

1. 开瓶器加工面的表面粗糙度要求达到 $Ra3.2\ \mu m$，其形状也比较复杂，锉削时应如何选择锉刀？

2. 锉刀的握法掌握得正确与否，对锉削质量、锉削力量的发挥和操作者的疲劳程度都有一定的影响。由于锉刀的大小和形状不同，锉刀的握法也应不同。观看锉刀的握法视频，根据锉刀的大小或长短，简述锉刀的握法。

3. 图 1–16 所示为锉削动作，查阅信息页并观看锉削动作视频，总结锉削动作要领。

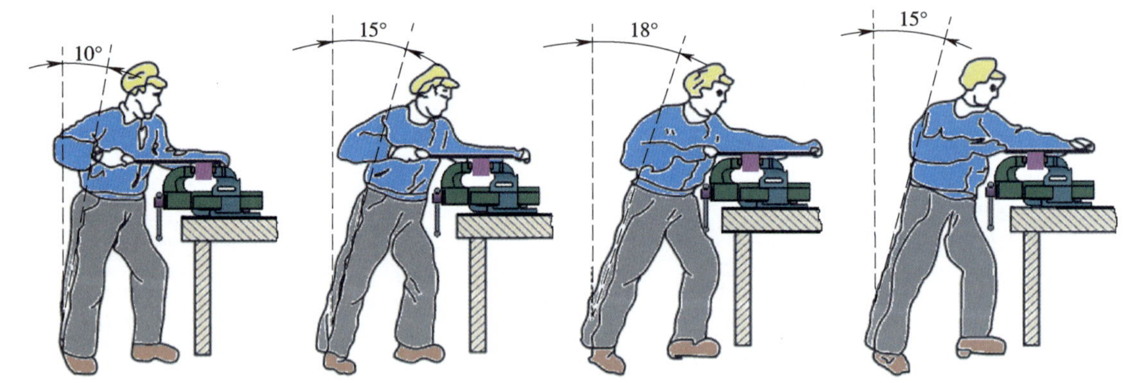

图 1–16 锉削动作

4. 开瓶器外轮廓是由圆弧面组成的，观看外圆弧面的锉削视频，总结锉削外圆弧面的操作要领。

5. 开瓶器内轮廓是由连接平面和内圆弧面组成的，观看内圆弧面的锉削视频，总结锉削内圆弧面的操作要领。

七、选择检测量具

（一）选择长度的检测量具

开瓶器零件图上所标注的尺寸均未标注尺寸公差，采用游标卡尺可以满足长度测量需要。观看游标卡尺的结构与工作原理演示动画和游标卡尺的使用操作视频，并查阅信息页，回答下列问题。

1. 图 1–17 所示为游标卡尺的结构，说明该类游标卡尺的分度值是多少，该类游标卡尺有哪几种功能。

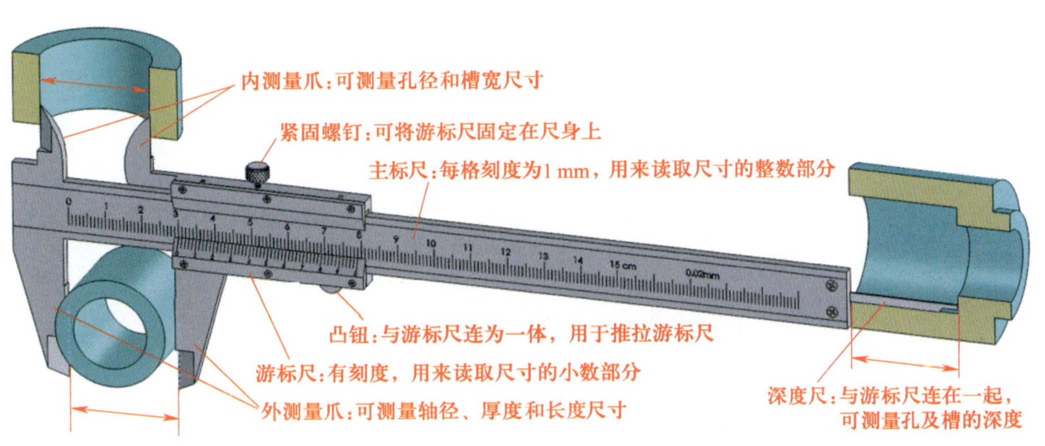

图 1–17　游标卡尺的结构

2. 图 1–18 所示为游标卡尺的刻线原理图，说明游标卡尺的刻线原理。

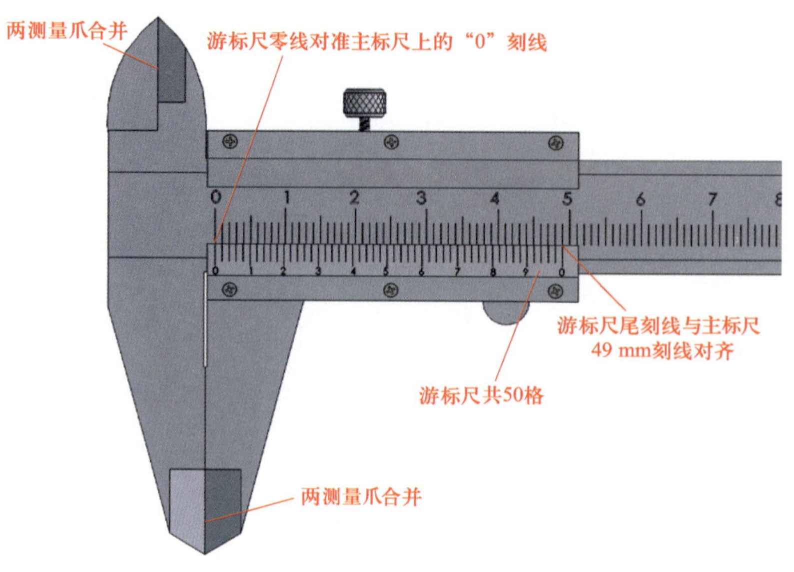

图 1–18 游标卡尺的刻线原理图

3. 识读图 1–19 所示游标卡尺测量值。

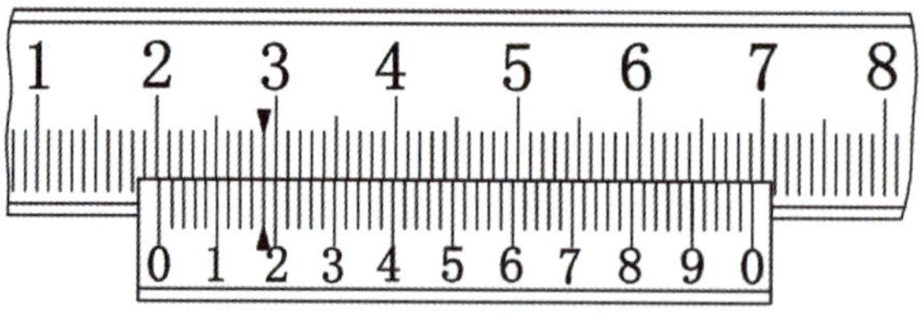

图 1–19 游标卡尺读数示例

（二）选择圆弧面的检测量具

开瓶器内外轮廓有多个圆弧面，一般应用图 1-20 所示的半径样板进行检测，查阅信息页，说明半径样板的用法。

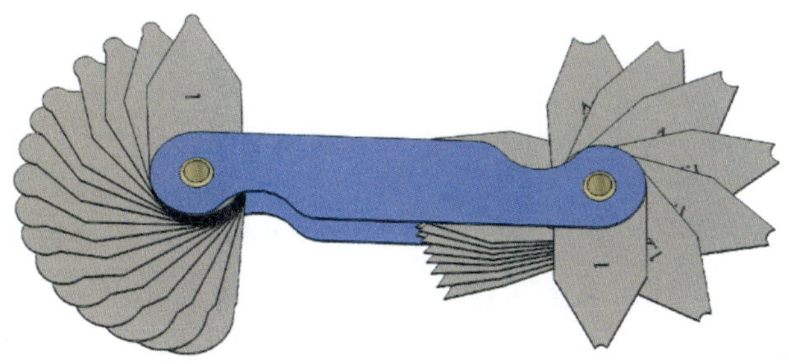

图 1-20　半径样板

学习环节四　制作开瓶器

学习目标

1. 能在教师指导下，遵守安全操作规程，正确穿戴工装和劳动防护用品。

2. 能在教师指导下，依据开瓶器加工步骤，确定开瓶器加工过程所使用的工量刃具，并完成工量刃具的领取、校验，做好加工前的场地和设备准备工作。

3. 能根据开瓶器零件图，划出定位基准线、孔的定位线、内外轮廓线和锯削加工线。

4. 能根据孔的中心位置，钻开瓶器内轮廓孔和工艺孔，完成孔加工。

5. 能选择合适的錾削工具，按照划出的轮廓加工线，去除开瓶器内轮廓余料，完成开瓶器的錾削加工。

6. 能依据划出的内轮廓线，正确选用锉刀，完成开瓶器内轮廓的加工。

7. 能依据锯削加工线，锯掉多余边料，完成开瓶器外轮廓粗加工。

8. 能依据图样要求，完成开瓶器外轮廓的锉削加工。

9. 能在开瓶器加工过程中规范地使用游标卡尺、半径样板等量具进行适时测量，保证加工质量。

10. 能在教师指导下，按照车间“7S”管理规定和环保管理制度要求，小组合作完成工量刃具放置、现场整理和设备保养。

11. 能在作业过程中严格执行企业操作规范、安全生产制度、环保管理制度以及“7S”管理规定，逐步养成吃苦耐劳、爱岗敬业的工作态度和职业责任感。

建议学时

10 学时

学习要求

序号	学习步骤	学习内容	学时	备注
1	领取工量刃具和毛坯	1. 钳加工安全操作规程 2. 工量刃具和毛坯的领取与检查	0.5	
2	制作开瓶器	1. 划线 2. 钻孔 3. 錾削 4. 锉削开瓶器内轮廓 5. 锯削 6. 锉削开瓶器外轮廓 7. 检测 8. 记录加工过程中遇到的问题	9	
3	清理现场，归置物品	1. “7S”管理制度 2. 设备、工具、量具的维护与保养	0.5	

学习步骤

一、领取工量刃具和毛坯

1. 熟悉工作环境

熟悉钳工车间和工作区的范围与限制，明确企业对安全生产事故隐患的预防措施。

2. 领取并检查工量刃具

领取并检查工量刃具的状况，填写工量刃具清单（表 1–11）。

表 1–11　　工量刃具清单

序号	名称	规格	数量	备注
1				
2				
3				
4				
5				
6				
7				
8				
9				
10				
11				
12				
13				
14				
15				
16				

3. 领取并检查毛坯

领取毛坯，测量毛坯外形尺寸，判断毛坯是否有足够的加工余量。

二、制作开瓶器

（一）划线

观看开瓶器的划线操作视频，回答问题并进行划线。

1. 划线时需要准备哪些工具、量具、辅具？

2. 观看开瓶器的划线演示动画，总结开瓶器的划线步骤。

3. 按照划线步骤，在毛坯上划出定位基准线、孔的位置线、内外轮廓线和锯削加工线。

（二）钻孔

观看开瓶器的钻孔操作视频，回答问题并进行钻孔。

1. 钻孔时应准备哪些工具？

2. 归纳开瓶器钻孔操作步骤。

3. 按照钻孔操作步骤，完成 $\phi 6$ mm、$\phi 9$ mm、$\phi 12$ mm 轮廓孔以及 $\phi 3$ mm 去料排孔的加工。

（三）去除内部余料

观看去除开瓶器内部余料的操作视频，回答问题并进行加工。

1. 錾削时应准备哪些工具？

2. 根据所选去除内部余料的方法，去除开瓶器内部余料。

（四）锉削开瓶器内轮廓

1. 为了使制作的开瓶器轮廓尺寸符合设计的尺寸要求，提高其表面质量，需要对其表面进行锉削，即用锉刀对工件表面进行切削加工。按断面形状不同，锉刀分为扁锉、方锉、三角锉、圆锉、半圆锉、菱形锉、刀形锉等，适用于加工不同形状的加工表面，如图 1–21 所示。锉削开瓶器内轮廓应选择哪几种锉刀？

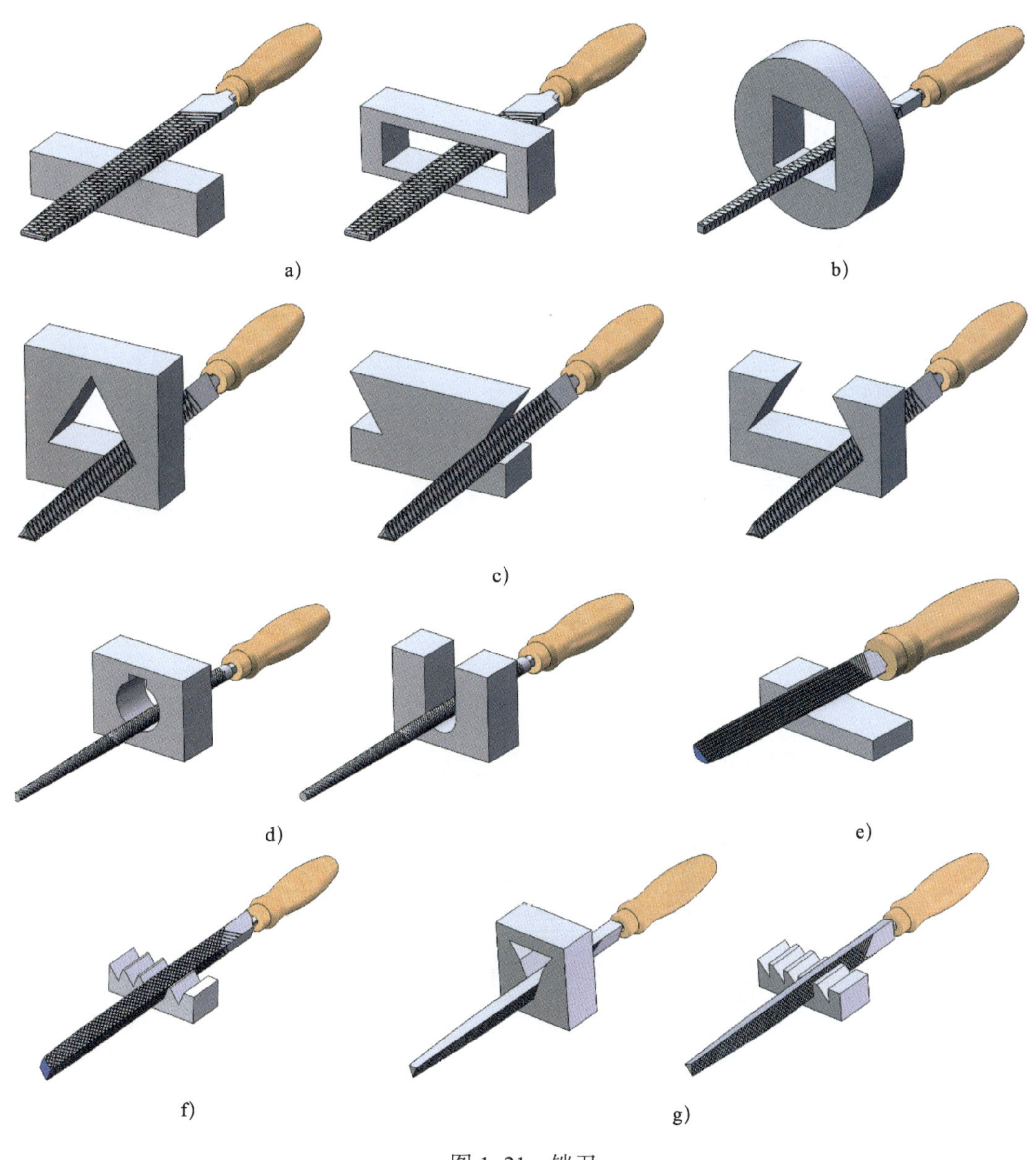

图 1–21　锉刀

a）扁锉　b）方锉　c）三角锉　d）圆锉　e）半圆锉　f）菱形锉　g）刀形锉

2. 观看开瓶器内轮廓锉削操作视频，归纳开瓶器内轮廓锉削操作步骤。

3. 按照内轮廓锉削操作步骤，完成开瓶器内轮廓加工。

（五）去除外部余料

1. 锯削时应准备哪些设备和工具？

2. 开瓶器属于板料，锯削工件时应如何装夹？

3. 图 1–22 所示为板料锯削示意图，按此方式沿锯削线锯掉余料。锯削时应注意哪些问题？

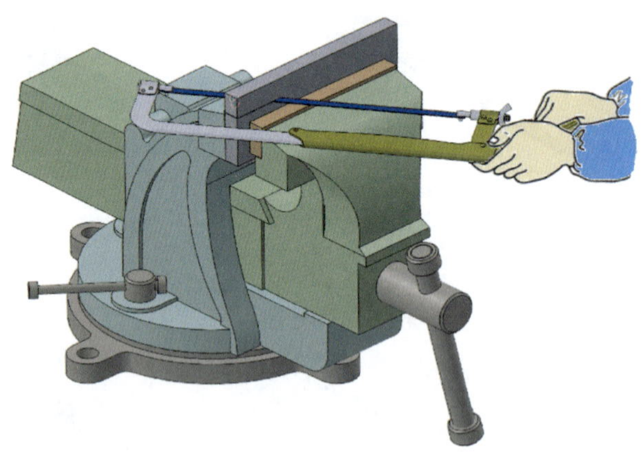

图 1–22 板料锯削

4. 观看开瓶器的锯削操作视频，沿锯削线锯掉开瓶器多余余料。

（六）锉削开瓶器外轮廓

1. 锉削开瓶器外轮廓，应选择哪类锉刀？

2. 观看开瓶器外轮廓锉削操作视频，锉削开瓶器外轮廓，达到图样要求，完成开瓶器的制作。

（七）检测

应用游标卡尺、半径样板等量具，按图样尺寸进行检测，记录检测结果。

（八）记录加工过程中遇到的问题

在表 1–12 中记录开瓶器加工过程中遇到的问题，并分析问题的产生原因、预防措施与改进办法。

表 1–12　　开瓶器加工过程中遇到的问题记录单

序号	问题	产生原因	预防措施	改进办法
1				
2				
3				
4				
5				
6				

三、清理现场，归置物品

完成开瓶器的制作后，按照“7S”管理规定要求，保养工量刃具，清理现场，合理归置物品，并回答以下问题。

1. 钻床日常维护与保养工作的内容有哪些？检查对钻床所做的维护与保养工作是否到位。

2. 台虎钳日常维护与保养工作的内容有哪些？

3. 合理使用及保养锉刀可以延长锉刀的使用期限，避免因为使用、保养不当而使其过早损坏。应如何正确保养及使用锉刀？

4. 维护与保养量具的注意事项有哪些？

学习环节五　零件检测与加工质量分析

学习目标

1. 能根据开瓶器检测要素，正确领取检测量具。

2. 能按产品质量检验单要求，规范应用游标卡尺和半径样板等通用量具，准确地完成开瓶器加工质量检测。

3. 能在教师指导下，依据开瓶器的检测结果，对产生的质量问题进行分析，优化加工方案。

4. 能在教师指导下，按照保养规范要求，完成游标卡尺、半径样板的维护与保养。

建议学时

4 学时

学习要求

序号	学习步骤	学习内容	学时	备注
1	领取检测量具	检测量具的领取与检查	0.5	
2	检测开瓶器	1. 游标卡尺的应用 2. 半径样板的应用	1.5	
3	分析加工质量	开瓶器加工质量分析	1	
4	保养及归还量具	游标卡尺的维护与保养	0.5	
5	交付产品	产品交付步骤	0.5	

学习步骤

一、领取检测量具

分析开瓶器检测要素，领取检测量具，填入表 1–13 中。

表 1–13　　开瓶器检测要素及量具表

序号	检测要素	量具名称	量具规格

续表

序号	检测要素	量具名称	量具规格

二、检测开瓶器

按表 1–14 中项目与技术要求进行检测。

表 1–14　　开瓶器检测项目与技术要求表

序号	名称	配分	项目与技术要求	评分标准	检测记录	得分
1	主要尺寸（50 分）	4	24 mm	超差不得分		
2		4	ϕ48 mm	超差不得分		
3		4	R24 mm	超差不得分		
4		2×4	R5 mm（凸弧，2 处）	超差不得分		
5		2×4	R6 mm（凹弧，2 处）	超差不得分		
6		2×4	R120 mm（凹弧，2 处）	超差不得分		
7		2×3	R6 mm（凸弧，2 处）	超差不得分		
8		4	R5 mm（凹弧）	超差不得分		
9		4	ϕ9 mm	超差不得分		
10	次要尺寸（25 分）	4	92 mm	超差不得分		
11		2×3	16 mm（2 处）	超差不得分		
12		3	14 mm	超差不得分		
13		3	18 mm	超差不得分		
14		2×3	R3 mm（凹弧，2 处）	超差不得分		
15		3	6 mm	超差不得分		
16	表面粗糙度（10 分）	10×1	Ra3.2 μm（仅检测 10 处表面）	降级不得分		
17	主观评分（10 分）	3.5	已加工零件倒角、倒圆、倒钝锐边、去毛刺是否符合图样要求			
18		3.5	已加工零件是否有划伤、碰伤和夹伤			
19		3	已加工零件与图样要求的一致性以及其余表面粗糙度			
20	更换或添加毛坯（5 分）	5	是否更换或添加毛坯		是 / 否	
21	职业素养	扣分	能正确穿戴工作服、工作鞋、安全帽和护目镜等劳动防护用品。每违反一项扣 2 分			
22			能规范使用设备、工具、量具和辅具。每违反一次扣 2 分			
23			能做好设备清洁、保养工作。不清洁、不保养扣 3 分；清洁、保养不彻底扣 2 分			
总配分		100	总得分			

三、分析加工质量

根据检测结果，分析不合格项目的产生原因，并提出预防与改进措施，完成开瓶器加工质量分析表（表 1–15）的填写。

表 1–15　　开瓶器加工质量分析表

序号	不合格项目	产生原因	预防与改进措施
1			
2			
3			
4			
5			
6			
7			
8			
9			
10			

四、保养及归还量具

检测完毕，规范维护与保养所用量具，并按要求归还。

五、交付产品

将合格产品交付生产技术部。

学习环节六　工作总结与评价

学习目标

1. 能在教师指导下，以小组合作方式完成成果汇报，按分组情况展示作品，讲述任务完成情况。
2. 能在教师指导下，记录其他小组对作品的评价和改进建议，总结工作经验，优化加工策略。
3. 能在教师指导下，结合开瓶器制作完成情况，撰写工作总结，并进行成本估算。
4. 能按照“开瓶器的制作”学习任务考核表完成综合评价。

建议学时

4 学时

学习要求

序号	学习步骤	学习内容	学时	备注
1	展示与评价作品	1. 作品展示与评价 2. 缺陷原因分析	2	
2	总结工作经验	1. 工作总结方法 2. 加工策略优化	1	
3	估算成本	成本估算方法	1	

学习步骤

一、展示与评价作品

以小组为单位派出代表介绍自己小组的优秀作品，通过作品展示，锻炼小组成员的表达能力，同时提升每一位成员的专业素养。

1. 选出组内评价较高的作品进行展示，并就作品的实用性、工艺性和产品质量等内容做必要介绍，听取并记录其他小组对本组作品的评价和改进建议。

（1）实用性

（2）工艺性

（3）产品质量

尺寸精度：

表面粗糙度：

2. 所展示作品中有哪些部位存在尺寸缺陷和表面质量缺陷？简要分析是什么原因导致的，并提出避免产生质量缺陷的加工建议。

（1）质量缺陷

尺寸缺陷：

表面质量缺陷：

（2）试提出避免产生质量缺陷的加工建议。

（3）如果下次接到相似的任务，在加工过程中，应优化哪些加工策略？

二、总结工作经验

总结制作开瓶器的心得体会。

1. 通过制作开瓶器，掌握了哪些钳工工艺知识？

2. 通过制作开瓶器，掌握了哪些钳工操作技能？

3. 按照本任务给定的加工工艺过程卡的加工顺序进行加工，对保障产品精度和质量有哪些意义？若变更加工顺序会产生哪些影响？

三、估算成本

1. 总结加工内容、工时，填入表 1–16 并进行成本估算。

表 1–16　　开瓶器制作成本估算

序号	加工内容	工时	成本估算项目			成本估算值
			设备	能源	辅料	
1						
2						
3						
4						
5						
6						
7						
8						
9						
10						

2. 在估算开瓶器的成本时，考虑人工费、管理费、税费了吗？如果要计算人工费、管理费、税费，开瓶器的成本应如何估算？重新估算后，把相关追加的成本因素写下来。

“开瓶器的制作”学习任务考核表

考核项目			考核方式及权重					
序号	考核内容	配分	自评		互评		师评	
			占比	得分	占比	得分	占比	得分
1	开瓶器生产任务单的填写	10	20%		30%		50%	
2	开瓶器加工工艺过程卡的识读	15	—		30%		70%	
3	游标卡尺的使用	15	—		20%		80%	
4	开瓶器内轮廓余料的去除	15	—		20%		80%	
5	台式钻床安全操作规程的执行	10	—		—		100%	
6	开瓶器外轮廓精度的检测	15	—		20%		80%	
7	开瓶器加工问题的分析	10	10%		30%		60%	
8	开瓶器作品的展示	10	30%		30%		40%	
合计		100						

制作 U 形板

一、任务描述

某企业需要制作 30 件如图 1–23 所示 U 形板，毛坯为 65 mm × 55 mm × 8 mm 板料，材料为 45 钢。生产技术部将该项生产任务安排给钳工组，U 形板表面要求光洁、美观、无毛刺。观看 U 形板的制作微课，明确任务内容。

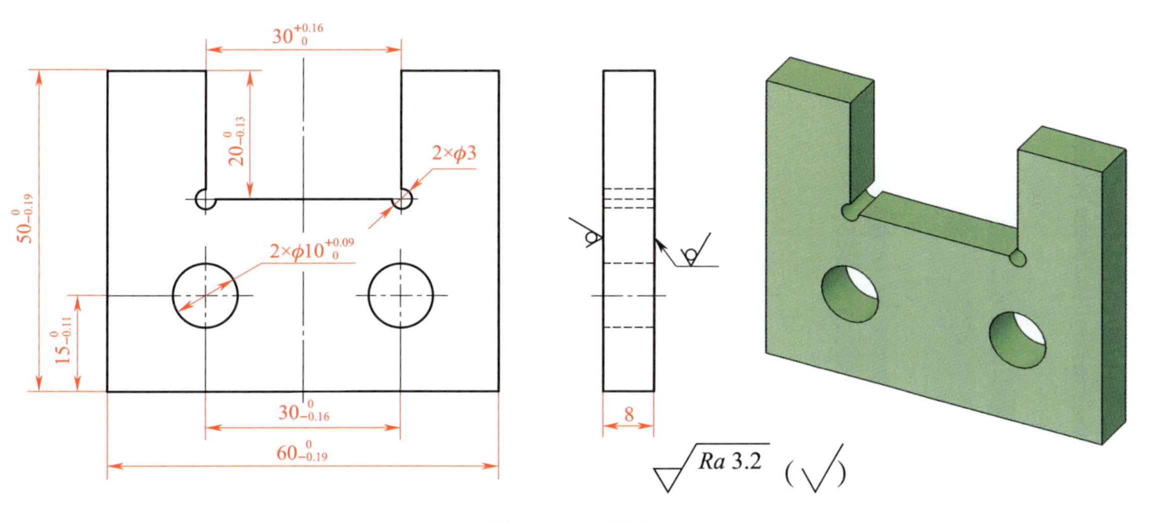

图 1–23　U 形板

二、评分标准

按表 1–17 中项目与技术要求检测 U 形板尺寸是否合格。

表 1–17　　U 形板检测项目与技术要求表

序号	名称	配分	项目与技术要求	评分标准	检测记录	得分
1	主要尺寸（51 分）	8	$15^{0}_{-0.11}$ mm	超差不得分		
2		8	$30^{0}_{-0.16}$ mm	超差不得分		
3		8	$20^{0}_{-0.13}$ mm	超差不得分		
4		9	$30^{+0.16}_{0}$ mm	超差不得分		
5		9	$50^{0}_{-0.19}$ mm	超差不得分		
6		9	$60^{0}_{-0.19}$ mm	超差不得分		
7	次要尺寸（24 分）	2×5	ϕ3 mm（2 处）	超差不得分		
8		2×7	$\phi10^{+0.09}_{0}$ mm（2 处）	超差不得分		
9	表面粗糙度（10 分）	10×1	*Ra*3.2 μm（10 处）	降级不得分		
10	主观评分（10 分）	3.5	已加工零件倒角、倒圆、倒钝锐边、去毛刺是否符合图样要求			
11		3.5	已加工零件是否有划伤、碰伤和夹伤			
12		3	已加工零件与图样要求的一致性以及其余表面粗糙度			
13	更换或添加毛坯（5 分）	5	是否更换或添加毛坯		是 / 否	
14	职业素养	扣分	能正确穿戴工作服、工作鞋、安全帽和护目镜等劳动防护用品。每违反一项扣 2 分			
15			能规范使用设备、工具、量具和辅具。每违反一次扣 2 分			
16			能做好设备清洁、保养工作。不清洁、不保养扣 3 分；清洁、保养不彻底扣 2 分			
总配分		100	总得分			

学习任务二 錾口手锤的制作

 任务描述

【任务情景】某企业装配线上由于特殊的装配需要，需定制图 2–1 所示的錾口手锤，数量为 30 件，毛坯为 ϕ 30 mm × 90 mm 的棒料，材料为 45 钢，工期为 5 天。生产主管计划由钳工组完成加工任务。

【任务要求】錾口手锤由凹凸圆弧面、锥体、长方体、倒角和螺孔等要素组成，加工时应控制轮廓精度为 12 级，表面粗糙度值为 *Ra* 3.2 μm，尺寸精度为 IT10 ~ IT8 级，加工过程中应保证螺孔的位置精度。在制作过程中，严格按照工艺文件流程进行制作，遵守钳工车间安全生产制度和操作规范。

【任务资料】錾口手锤生产任务单、錾口手锤零件图、錾口手锤加工工艺过程卡、领料单、工量刃具借（还）交接单、錾口手锤质量检测表、产品交接单等。

观看錾口手锤的制作微课，明确任务内容。

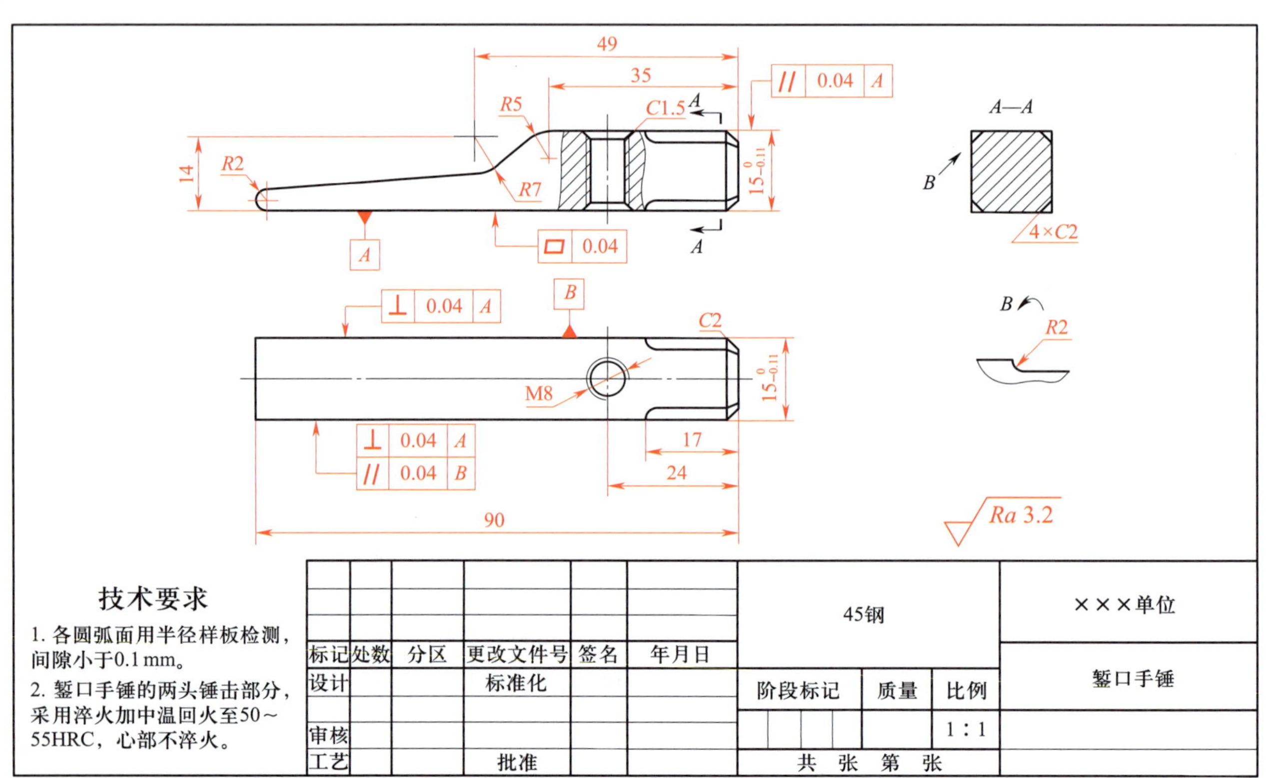

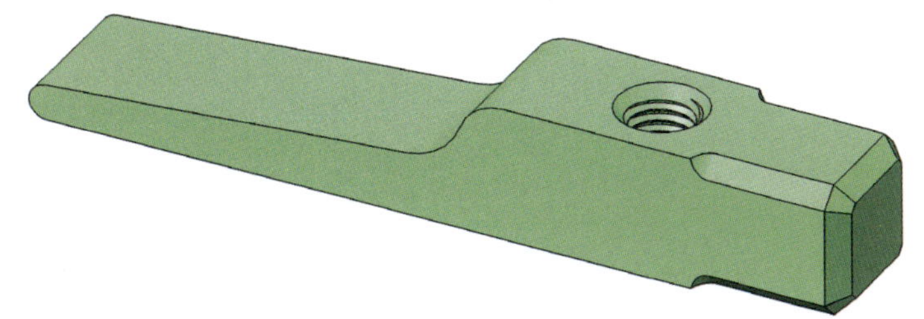

图 2-1　錾口手锤

学习目标及学时

序号	学习环节	学时	学习目标
1	接受工作任务	4	能依据信息页等资料，正确识读生产任务单和錾口手锤零件图，准确获取工作任务、零件尺寸和加工质量等信息
2	确定加工步骤	4	能根据任务要求，以小组合作方式共同制订合理的工作进度计划；能正确阅读錾口手锤加工工艺过程卡，明确錾口手锤加工步骤
3	加工准备	10	能通过查阅信息页或观看操作视频，学习平面锉削、攻螺纹、热处理等操作，学会检测平面度、平行度和垂直度
4	制作錾口手锤	14	能依据錾口手锤加工步骤，正确领取工量刃具，严格遵守钳工安全操作规程，完成錾口手锤的制作
5	零件检测与加工质量分析	4	能按产品质量检验单要求，应用千分尺、刀口尺、直角尺、塞规等量具完成錾口手锤加工质量检测，并进行产品质量分析及方案优化
6	工作总结与评价	4	能使用专业术语讲述任务完成情况，记录评价和改进建议，总结工作经验，优化加工策略，规范撰写工作总结

学习路径

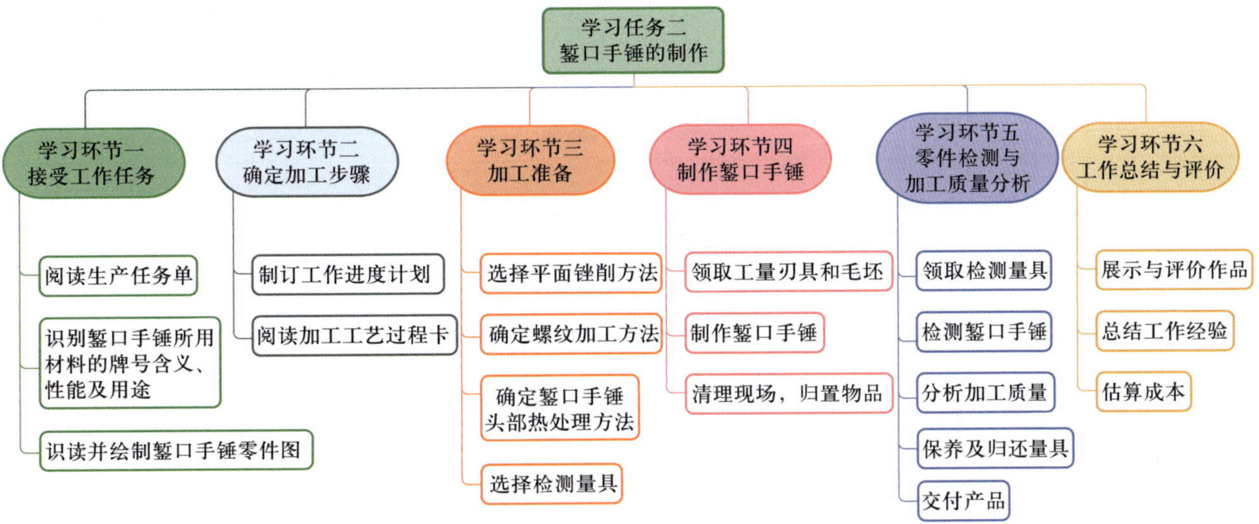

学习环节一　接受工作任务

学习目标

1. 能以小组合作方式，从生产主管处领取并正确阅读生产任务单，准确获取零件名称、制作材料、零件数量和完成时间等任务信息。

2. 能以小组合作方式，通过查阅信息页等资料，正确识别錾口手锤所用材料的牌号含义、性能及用途。

3. 能以小组合作方式，通过查阅信息页等资料，正确识读錾口手锤零件图，准确获取錾口手锤的形状、尺寸、表面粗糙度、几何公差、材料等加工信息。

4. 能以小组合作方式，确定錾口手锤零件图的绘制方法，正确、规范地绘制錾口手锤零件图。

建议学时

4 学时

学习要求

序号	学习步骤	学习内容	学时	备注
1	阅读生产任务单	生产任务信息的收集与提取	0.5	
2	识别錾口手锤所用材料的牌号含义、性能及用途	优质碳素结构钢	0.5	
3	识读并绘制錾口手锤零件图	1. 图样的基本表示法 2. 螺纹的表示法 3. 几何公差标注 4. 表面结构要求 5. 钢的热处理	3	

学习步骤

一、阅读生产任务单

（一）领取生产任务单

从生产主管处领取錾口手锤生产任务单（表 2-1）。

表 2-1　　錾口手锤生产任务单

<table>
<tr><td colspan="3">单　　号：</td><td colspan="4">开单时间：　　年　　月　　日　　时</td></tr>
<tr><td colspan="3">开单部门：</td><td colspan="4">开 单 人：</td></tr>
<tr><td colspan="3">接 单 人：　　　部　　　　组</td><td colspan="4">签　　名：</td></tr>
<tr><td colspan="7">以下由开单人填写</td></tr>
<tr><td>序号</td><td>产品名称</td><td>材料</td><td colspan="3">数量</td><td>技术标准、质量要求</td></tr>
<tr><td>1</td><td>錾口手锤</td><td>45 钢</td><td colspan="3">30</td><td>按图样要求</td></tr>
<tr><td></td><td></td><td></td><td colspan="3"></td><td></td></tr>
<tr><td></td><td></td><td></td><td colspan="3"></td><td></td></tr>
<tr><td></td><td></td><td></td><td colspan="3"></td><td></td></tr>
<tr><td colspan="2">任务细则</td><td colspan="5">1. 到仓库领取相应的材料
2. 根据现场情况选用合适的工具、量具和设备
3. 根据加工工艺进行加工，交付检验
4. 填写生产任务单，清理工作场地，完成工具、量具和设备的维护与保养</td></tr>
<tr><td colspan="2">任务类型</td><td colspan="2">☑钳加工</td><td colspan="2">完成工时</td><td>40 h</td></tr>
<tr><td colspan="7">以下由开单人填写</td></tr>
<tr><td colspan="2">领取材料</td><td colspan="2"></td><td colspan="3" rowspan="2">仓库管理员（签名）

年　月　日</td></tr>
<tr><td colspan="2">领取工具、量具</td><td colspan="2"></td></tr>
<tr><td colspan="2">完成质量
（小组评价）</td><td colspan="2"></td><td colspan="3">班组长（签名）

年　月　日</td></tr>
<tr><td colspan="2">用户意见
（教师评价）</td><td colspan="2"></td><td colspan="3">用户（签名）

年　月　日</td></tr>
<tr><td colspan="2">改进措施
（反馈改良）</td><td colspan="5"></td></tr>
</table>

注：生产任务单与零件图、加工工艺过程卡一起领取。

（二）获取生产任务信息

1. 阅读生产任务单，将零件名称、制作材料、零件数量和完成时间填入表 2-2。

表 2-2　　生产任务信息

零件名称		制作材料	
零件数量		完成时间	

2. 錾口手锤由哪个生产班组进行加工？

二、识别錾口手锤所用材料的牌号含义、性能及用途

由生产任务单（表 2–1）可知，制作錾口手锤的材料为 45 钢。借助信息页，查阅 45 钢的牌号含义、性能及用途。

1. 45 钢是一种常见的优质碳素结构钢，优质碳素结构钢的牌号是如何定义的？ 45 钢的含碳量是多少？

2. 45 钢具有哪些力学性能？

3. 45 钢具有哪些特性和用途？

三、识读并绘制錾口手锤零件图

（一）识读錾口手锤零件图

1. 錾口手锤的零件图主要应用了哪几个视图来表达零件的几何特征？各视图分别表达了錾口手锤的哪些几何特征？

2. 将机件向不平行于基本投影面的平面投射所得的视图称为斜视图。图 2–1 中 *B* 向视图为斜视图，它主要表达錾口手锤的哪部分结构？如何识读斜视图？

3. 图 2–1 中的尺寸标注“4 × *C*2”表示什么含义？

4. 计算图 2–1 中“$15_{-0.11}^{\ 0}$”的上、下极限尺寸。这样标注尺寸的意义是什么？

5. 图 2–1 中的尺寸标注“M8”表示什么含义？

6. 图 2–1 中的符号“A”“B”表示基准符号，解释基准符号的含义。

7. 图 2–1 中除包含基本的尺寸信息外，还包含了平行度、平面度和垂直度等几何公差信息。说明下列几何公差的具体含义。

（1）| // | 0.04 | *A* | 表示：

（2）| ▱ | 0.04 | 表示：

（3）| ⊥ | 0.04 | *A* | 表示：

8. 图 2–1 中的符号“$\sqrt{Ra\ 3.2}$”为表面结构代号，说明该代号所表示的具体含义。

9. 如图 2–1 所示，为什么符号“$\sqrt{Ra\ 3.2}$”没有标注在零件加工表面上，而是放在了标题栏的上方？

10. 在零件的技术要求中有一项是“淬火加中温回火至 50 ~ 55HRC”，查阅信息页，说明淬火加中温回火的含义。

（二）绘制錾口手锤零件图

为了进一步熟悉錾口手锤的图样信息，按照原图抄画錾口手锤零件图（可附图纸，粘贴于此）。

学习环节二 确定加工步骤

学习目标

1. 能根据工作任务要求，以小组合作方式制订合理的工作进度计划，并根据小组成员的特点进行分工。

2. 能以小组合作方式，准确识读錾口手锤加工工艺过程卡，获取工序信息，确定錾口手锤的加工步骤。

3. 能依据錾口手锤加工步骤，绘制工序简图。

4. 能查阅基准的选择原则等资料，正确设计锯、锉长方体的加工步骤和精锉顺序。

5. 能通过阅读錾口手锤加工工艺过程卡，明确錾口手锤热处理部位和热处理要求。

建议学时

4 学时

学习要求

序号	学习步骤	学习内容	学时	备注
1	制订工作进度计划	工作进度计划	0.5	
2	阅读加工工艺过程卡	1. 錾口手锤加工工艺过程卡 2. 基准的选择	3.5	

学习步骤

一、制订工作进度计划

根据生产任务工时，依据任务要求，制订合理的工作进度计划（表 2–3），并根据小组成员的特点进行分工。

表 2–3 工作进度计划

序号	工作内容	时间	成员	负责人
1	确定加工步骤			

续表

序号	工作内容	时间	成员	负责人
2	加工准备			
3	制作錾口手锤			
4	零件检测与加工质量分析			
5	工作总结与评价			

二、阅读加工工艺过程卡

（一）获取錾口手锤加工工艺信息

阅读錾口手锤加工工艺过程卡（表 2–4），获取錾口手锤加工工艺信息。

表 2–4 錾口手锤加工工艺过程卡

<table>
<tr><td colspan="3" rowspan="2">加工工艺过程卡</td><td colspan="2">产品型号</td><td colspan="3"></td><td colspan="2">零（部）件图号</td><td colspan="5"></td></tr>
<tr><td colspan="2">产品名称</td><td colspan="3"></td><td colspan="2">零（部）件名称</td><td colspan="2">錾口手锤</td><td>共　页</td><td colspan="2">第　页</td></tr>
<tr><td>材料牌号</td><td>45 钢</td><td>毛坯种类</td><td>棒料</td><td colspan="2">毛坯外形尺寸</td><td colspan="3">ϕ30 mm × 90 mm</td><td>每毛坯可制件数</td><td>1</td><td>每台件数</td><td></td><td>备注</td><td></td></tr>
<tr><td rowspan="2">工序号</td><td rowspan="2">工序名称</td><td colspan="5" rowspan="2">工序内容</td><td rowspan="2">车间</td><td rowspan="2">工段</td><td rowspan="2">设备</td><td colspan="3" rowspan="2">工艺装备</td><td colspan="2">工时</td></tr>
<tr><td>单件</td><td>最终</td></tr>
<tr><td>1</td><td>将毛坯锯、锉成长方体</td><td colspan="5">将 ϕ30 mm × 90 mm 的棒料锯、锉成 16 mm × 16 mm × 90 mm 的长方体</td><td>钳加工</td><td></td><td>—</td><td colspan="3">平板、V 形架、划针、钢直尺、游标卡尺、游标高度卡尺、手锯、扁锉</td><td></td><td></td></tr>
<tr><td>2</td><td>精锉长方体</td><td colspan="5">将 16 mm × 16 mm × 90 mm 的长方体锉成 15 mm × 15 mm × 90 mm 的长方体</td><td>钳加工</td><td></td><td>台虎钳</td><td colspan="3">扁锉、刀口尺、直角尺</td><td></td><td></td></tr>
<tr><td>3</td><td>划线</td><td colspan="5">划 $R2$ mm 圆弧面、$R7$ mm 圆弧面、$R5$ mm 圆弧面、斜面、倒角等轮廓加工线，以及斜面锯削线</td><td>钳加工</td><td></td><td>—</td><td colspan="3">平板、划针、划规、钢直尺、样冲、游标高度卡尺</td><td></td><td></td></tr>
<tr><td>4</td><td>锯削斜面</td><td colspan="5">沿锯削线锯削斜面</td><td>钳加工</td><td></td><td>台虎钳</td><td colspan="3">手锯</td><td></td><td></td></tr>
</table>

续表

工序号	工序名称	工序内容	车间	工段	设备	工艺装备	工时	
							单件	最终
5	锉削轮廓面并倒角	锉 *R*2 mm 圆弧面、*R*7 mm 圆弧面、*R*5 mm 圆弧面、锥体等轮廓面并倒角	钳加工		台虎钳	扁锉、半圆锉、钢直尺、游标卡尺、半径样板		
6	钻螺纹底孔并孔口倒角	钻 ϕ6.8 mm 螺纹底孔，并用 ϕ12 mm 麻花钻对孔口倒角	钳加工		台虎钳	ϕ6.8 mm 和 ϕ12 mm 麻花钻		
7	攻螺纹	攻 M8 螺纹	钳加工		台虎钳	M8 丝锥、铰杠		
8	热处理	淬火加中温回火至 50~55HRC	热处理		电阻炉	钳子、防护手套		
9	检验	按图样尺寸和质量要求检验工件	检验室		—	平板、钢直尺、游标卡尺、半径样板、刀口尺、直角尺		

										设计（日期）	审核（日期）	标准化（日期）	会签（日期）
标记	处数	更改文件号	签字	日期	标记	处数	更改文件号	签字	日期				

1. 机械加工常用的毛坯有铸件、锻件、棒料和型材等，识读表 2–4，明确錾口手锤毛坯的种类和外形尺寸。

2. 识读表 2–4，列出制作錾口手锤的工序，明确錾口手锤的加工步骤。

3. 在表 2–5 中绘制各工序简图。

表 2–5　　各工序简图

工序号	工序	工序简图
1	将毛坯锯、锉成长方体	
2	精锉长方体	

续表

工序号	工序	工序简图
3	划线	
4	锯削斜面	
5	锉削轮廓面并倒角	
6	钻螺纹底孔并孔口倒角	
7	攻螺纹	

4. 工序 1 是将 ϕ30 mm × 90 mm 的棒料锯、锉成 16 mm × 16 mm × 90 mm 的长方体。因圆棒料两端面无须加工，故只考虑加工四个侧面。四个侧面的加工顺序如图 2-2 所示，试写出该工序具体加工步骤。

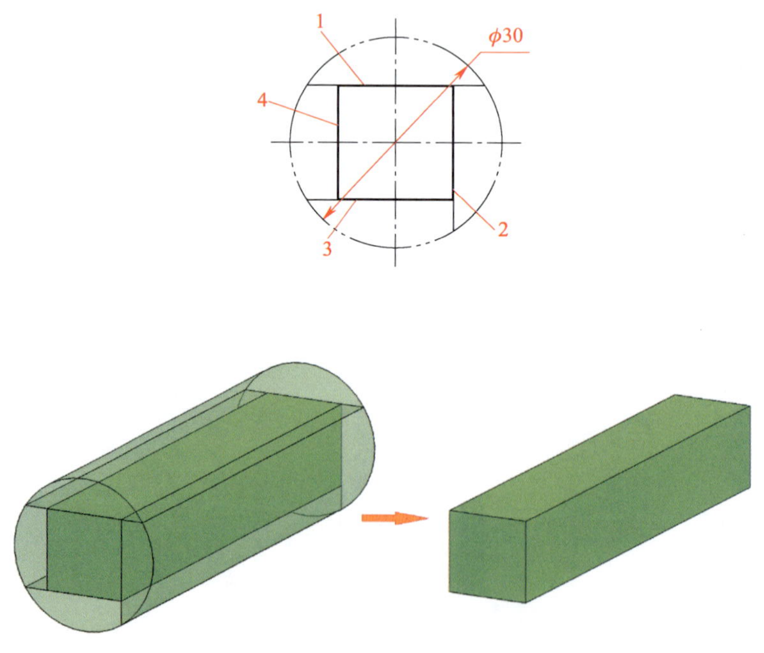

图 2-2 锯、锉加工顺序示意图

5. 工序 2 为精锉长方体的四个面，如图 2–3 所示。加工时，先选定基准面并精修，然后依次锉削侧面 1、侧面 2、平行面。选择精基准时需要重点考虑什么？精基准的选择原则有哪些？

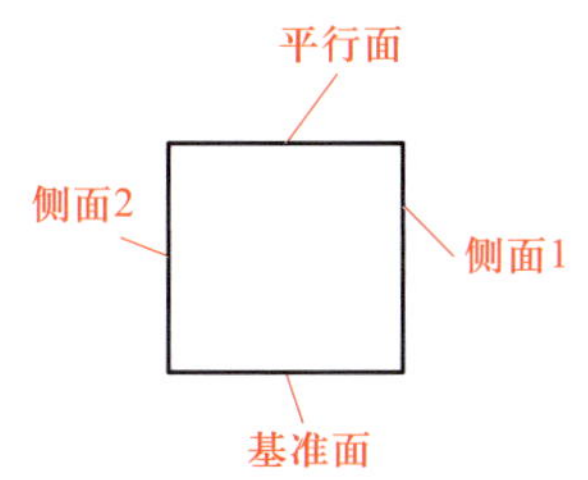

图 2–3　精锉长方体的四个面

6. 划线分为平面划线和立体划线，工序 3 属于哪类划线？为何 $R2$ mm 圆弧面、$R7$ mm 圆弧面、$R5$ mm 圆弧面、锥体、倒角等轮廓的划线放在锯削斜面之前？

7. 工序 4 为锯削斜面，应如何保证该工序加工质量？

（二）明确热处理加工部位

工序 8 为热处理工序（淬火加中温回火至 50～55HRC），需要在錾口手锤哪个部位进行热处理？

学习环节三　加 工 准 备

学习目标

1. 能通过查阅信息页等资料，正确选择錾口手锤平面的锉削方法。

2. 能根据錾口手锤内螺纹的标记符号，正确选择加工方法，并能确定攻螺纹前的底孔直径。

3. 能通过查阅信息页或观看攻螺纹操作视频，学会攻螺纹操作。

4. 能通过信息页等资料，查阅钢的常用热处理方法及目的，确定錾口手锤头部热处理方法。

5. 能规范应用千分尺检测工件的尺寸精度，能规范应用刀口尺、直角尺等量具检测平面度、平行度、垂直度等几何公差。

6. 能应用表面粗糙度比较样块对比出工件的表面粗糙度。

建议学时

10 学时

学习要求

序号	学习步骤	学习内容	学时	备注
1	选择平面锉削方法	平面锉削方法	2	
2	确定螺纹加工方法	攻螺纹基础知识及操作方法	4	
3	确定錾口手锤头部热处理方法	钢的热处理知识	2	
4	选择检测量具	1. 千分尺工作原理及读数方法 2. 平面度、平行度、垂直度的检测 3. 表面粗糙度的检测	2	

一、选择平面锉削方法

1. 使用锉刀锉削平面的方法有顺向锉、交叉锉和推锉，查阅信息页并观看平面的锉削方法操作视频，总结三种平面锉削方法的操作要领及应用，填入表 2-6 中。

表 2-6 平面锉削的操作要领及应用

种类	操作图示	操作要领及应用
顺向锉	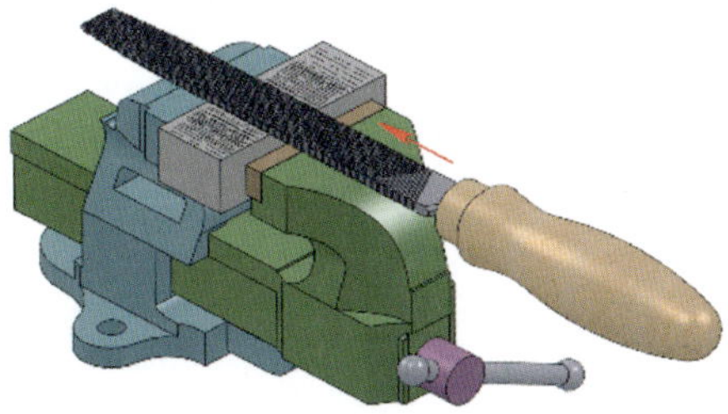 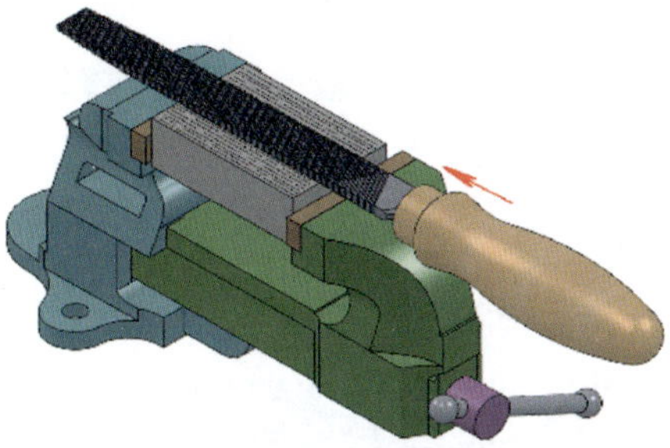	
交叉锉	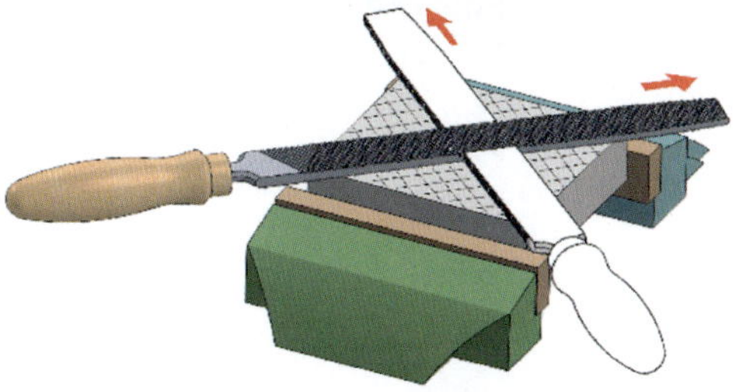	
推锉	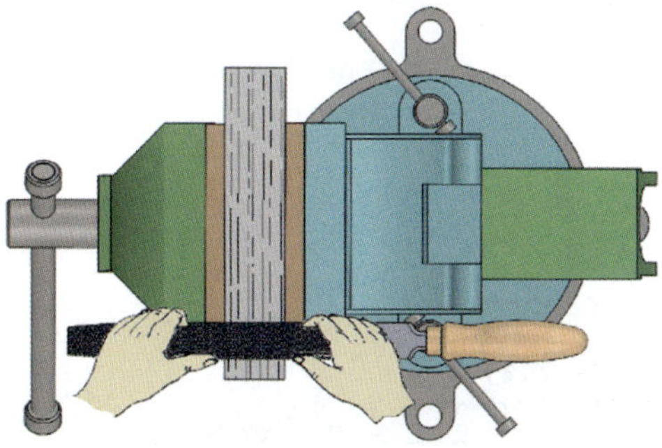	

2. 根据錾口手锤加工质量要求，试确定精锉錾口手锤各平面采用的锉削方法。

二、确定螺纹加工方法

螺纹指的是在圆柱或圆锥母体表面上制出的螺旋线形的、具有特定截面的连续凸起部分。螺纹按其母体形状分为圆柱螺纹和圆锥螺纹；按其在母体所处位置分为外螺纹、内螺纹；按其牙型截面形状分为三角形螺纹、矩形螺纹、梯形螺纹、锯齿形螺纹及其他特殊形状螺纹。查阅信息页，回答下列问题。

1. 錾口手锤上的 M8 螺纹按其母体形状属于哪种螺纹？按其在母体所处位置属于哪种螺纹？按其牙型截面形状属于哪种螺纹？

2. 查阅信息页，明确图 2–1 所示 M8 螺纹的加工方法。

3. 丝锥是一种成形多刃刀具，丝锥的种类有手用丝锥、机用丝锥和管螺纹丝锥等，如图 2–4 所示。手用丝锥常用哪种材料制造？机用丝锥常用哪种材料制造？

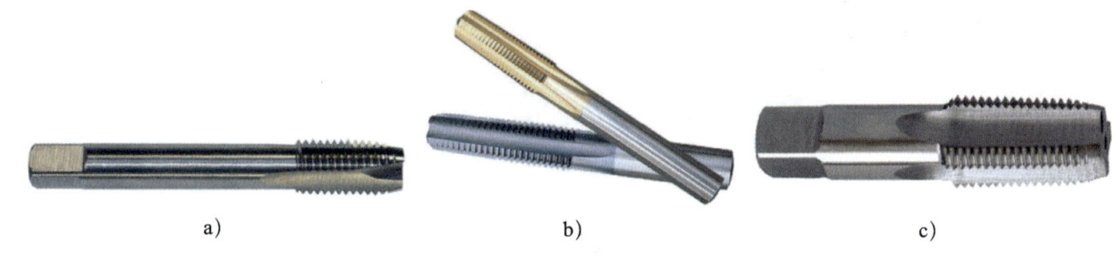

图 2–4 丝锥

a）手用丝锥 b）机用丝锥 c）管螺纹丝锥

4. 丝锥由柄部和工作部分组成，工作部分由切削部分和校准部分组成。图 2–5 所示为丝锥的结构，查阅信息页，标出丝锥各组成部分的名称。

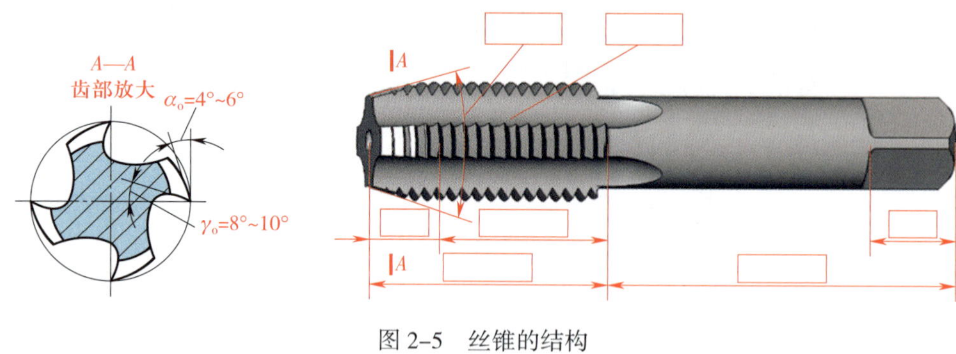

图 2–5 丝锥的结构

5. 由于丝锥的种类、规格较多，明确丝锥标记所代表的含义，对正确选择和使用丝锥是很有必要的。查阅信息页，解释下列丝锥标记符号的含义。

（1）M10：

（2）M10×1：

6. 攻螺纹时，由于丝锥对金属层有较强的挤压作用，使攻出螺纹的小径小于底孔直径，因此攻螺纹之前底孔直径应稍大于螺纹小径。查阅信息页，明确攻制下列两种材料的螺纹时，其底孔直径应如何计算。

（1）攻制钢件或塑性较大的材料时，底孔直径的计算公式为：

$D_{孔}$=______________________________。

（2）攻制铸铁或塑性较小的材料时，底孔直径的计算公式为：

$D_{孔}$=______________________________。

7. 攻錾口手锤上的 M8 螺纹前，应选择多大直径的麻花钻钻螺纹底孔？

8. 攻螺纹前要对底孔孔口进行倒角（通孔两端孔口都要倒角），且倒角处的直径应略大于螺纹公称直径，这是为什么？

9. 查阅信息页，回答下列问题。

（1）当丝锥的切削部分全部切入工件后，是否还要对丝锥施加压力？

（2）攻螺纹时，要经常正转 1/2～1 圈后，倒转 1/4～1/2 圈，这样做的目的是什么？

三、确定錾口手锤头部热处理方法

（一）获取钢的常用整体热处理方法信息

钢的热处理是通过加热、保温和冷却的工艺方法使钢的内部组织结构发生变化，从而获得所需要性能的一种加工工艺。钢的常用整体热处理方法有退火、正火、淬火和回火。查阅信息页，回答下列问题。

1. 什么是退火？常用的退火方法有哪些？各有什么目的？

2. 什么是正火？正火的目的是什么？

3. 什么是淬火？淬火的目的是什么？

4. 什么是回火？回火的目的是什么？

5. 回火时，由于回火温度决定钢的组织和性能，所以生产中一般以工件所需的硬度来决定回火温度。根据回火温度的不同，通常将回火分为哪三类？各类回火具体温度范围是多少？

（二）选择錾口手锤两端头部热处理方法

根据技术要求，錾口手锤两端头部应选择哪种热处理方法？

四、选择检测量具

（一）选择平行度误差检测量具

1. 千分尺是一种应用螺旋测微原理制成的精密量具，可估读到毫米的千分位，故名千分尺。它的测量精度比游标卡尺高，因此，对于加工精度要求较高的工件尺寸，常用千分尺测量。千分尺有 0 ~ 25 mm、25 ~ 50 mm、50 ~ 75 mm、75 ~ 100 mm 等规格。图 2–6 所示为钳工常用 0 ~ 25 mm 千分尺，观看千分尺的结构与工作原理演示动画，标出各组成部分的名称。

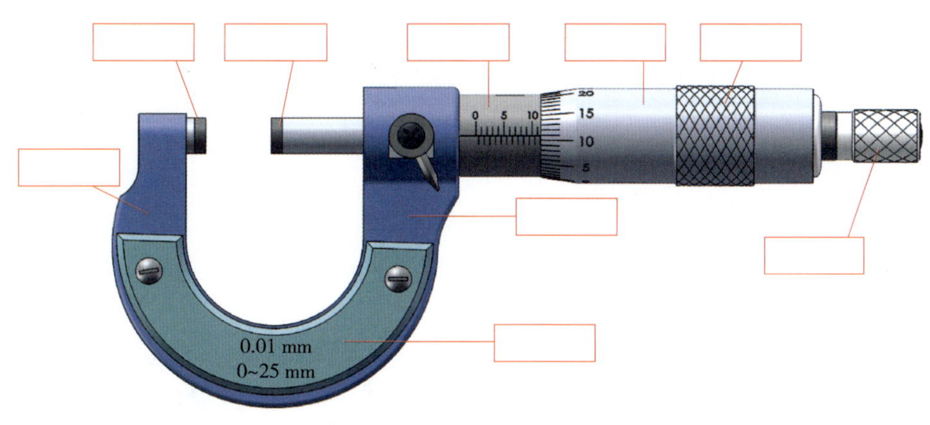

图 2–6　0 ~ 25 mm 千分尺

2. 图 2–7 所示为千分尺读取尺寸的方法。查阅信息页，并观看千分尺的使用视频，以图 2–7 为例，总结千分尺读数步骤。

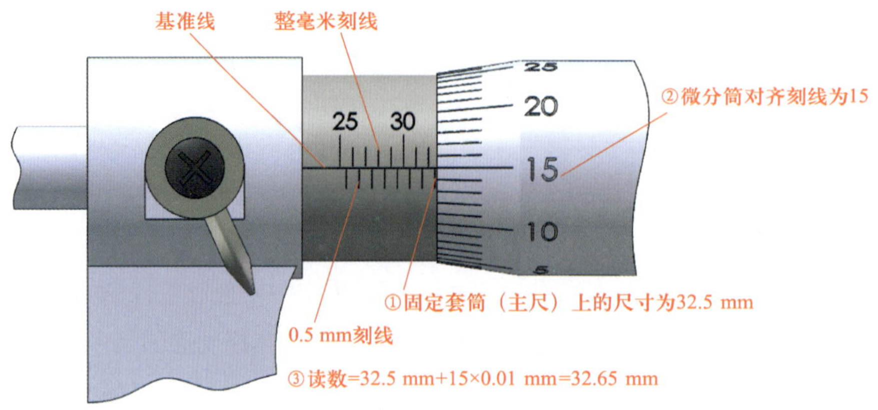

图 2–7 千分尺读取尺寸的方法

3. 以锉平的基面为基准，应用千分尺在不同点测量两平面间的厚度，根据读数确定该平面的平行度是否有误差。试简述千分尺的使用注意事项。

（二）选择平面度的误差检测量具

1. 锉削工件时，由于锉削平面较小，其平面度通常采用刀口尺通过透光法来检测。图 2–8 所示为刀口尺，常用的规格有 75 mm、125 mm 和 175 mm。检测时，刀口尺应垂直放在工件被测表面上，在被测面的纵向、横向、对角方向多处逐一检查，以确定各方向的平面度误差，如图 2–9 所示。

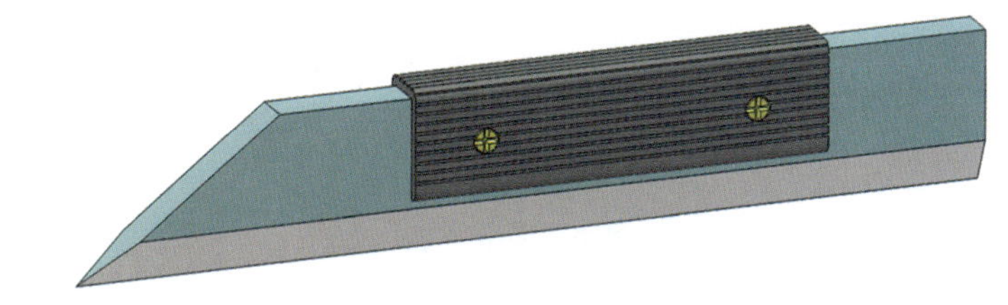

图 2-8　刀口尺

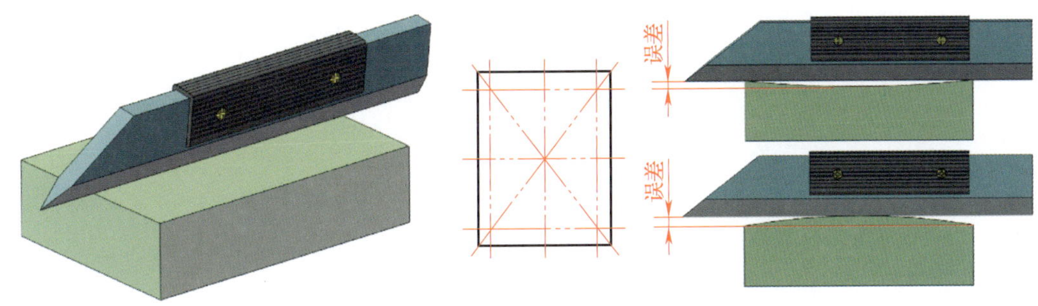

图 2-9　检测平面度误差

用刀口尺通过透光法来检测平面度误差会出现以下情况：

（1）如果检测处从刀口尺与平面间透过来的光线微弱而均匀，表示此处比较________。

（2）如果检测处透过来的光线强弱不一，则表示此处有高低不平处，光线强的地方比较________，而光线弱的地方比较________。

2. 平面度误差可用塞尺塞入检测，如图 2-10 所示。用塞尺检测时，应做两次极限尺寸的检查后，才能得出其间隙的数值。

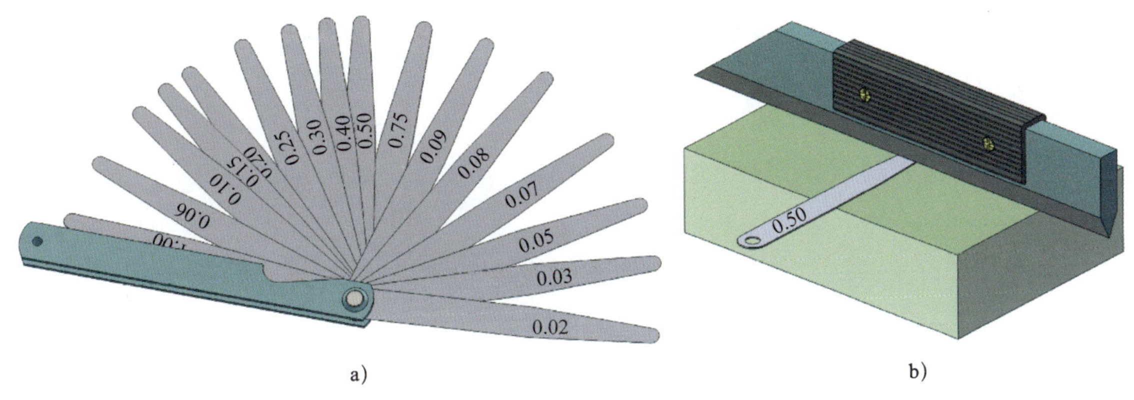

a）　b）

图 2-10　平面度误差值的检测

a）塞尺　b）用塞尺检测平面度具体误差值

对中凹平面，其平面度误差可取各检测部位中的________值；对中凸平面，则应在两边塞入同样厚度的塞尺进行检查，其平面度误差可取各检测部位中的________值。

（三）选择垂直度误差检测量具

当锉削平面与有关表面有垂直度要求时，一般采用直角尺检测，如图 2-11 所示。试简述垂直度误差的检测方法。

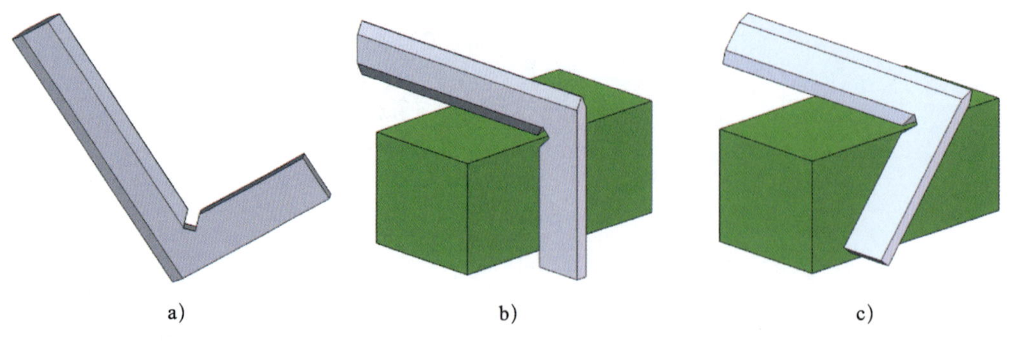

图 2-11　垂直度误差的检测

a）直角尺　b）正确检测方法　c）不正确检测方法

（四）选择表面粗糙度检测量具

钳工常用样块比较法检测工件表面粗糙度。查阅信息页，并观看表面粗糙度比较样块的使用视频，简述样块比较法的概念及注意事项。

学习环节四　制作錾口手锤

学习目标

1. 能遵守安全操作规程，正确穿戴工装和劳动防护用品。

2. 能依据錾口手锤加工步骤，以小组合作方式确定錾口手锤加工过程所使用的工量刃具，并完成工量刃具的领取、校验，做好加工前的场地及设备准备工作。

3. 能根据錾口手锤零件图，通过划线、锯削、锉削等操作将棒料加工成长方体。

4. 能根据錾口手锤零件图，正确划出錾口手锤头部、中间圆弧和尾部等轮廓加工线。

5. 能依据錾口手锤头部、中间圆弧和尾部等轮廓加工线，完成錾口手锤外形轮廓的加工。

6. 能根据錾口手锤零件图，划出 M8 螺孔位置线；能应用台式钻床完成螺纹底孔的加工；能应用丝锥和铰杠完成 M8 内螺纹的手动加工。

7. 能在教师指导下，完成錾口手锤头部和尾部的淬火与回火处理。

8. 能在加工过程中选用合适的量具完成对錾口手锤的精度控制，保证加工质量。

9. 能按照车间“7S”管理规定及环保管理制度要求，以小组合作方式完成工量刃具放置、现场整理和设备保养。

10. 能在作业过程中严格执行企业操作规范、安全生产制度、环保管理制度以及“7S”管理规定，具有吃苦耐劳、爱岗敬业的工作态度和职业责任感。

建议学时

14 学时

学习要求

序号	学习步骤	学习内容	学时	备注
1	领取工量刃具和毛坯	1. 钳加工安全操作规程 2. 工量刃具和毛坯的领取与检查	0.5	
2	制作錾口手锤	1. 将毛坯锯、锉成长方体 2. 精锉长方体 3. 划线 4. 锯削斜面 5. 锉削轮廓面并倒角 6. 钻螺纹底孔并孔口倒角 7. 攻螺纹 8. 热处理 9. 记录加工过程中遇到的问题	13	
3	清理现场，归置物品	1. “7S”管理制度 2. 设备、工具、量具的维护与保养	0.5	

学习步骤

一、领取工量刃具和毛坯

1. 熟悉工作环境

熟悉钳工车间和工作区的范围与限制，明确企业对安全生产事故隐患的预防措施。

2. 领取并检查工量刃具

领取并检查工量刃具的状况，填写工量刃具清单（表 2–7）。

表 2–7 工量刃具清单

序号	名称	规格	数量	备注
1				
2				
3				
4				
5				
6				
7				
8				
9				
10				
11				
12				
13				
14				
15				
16				
17				
18				
19				
20				

3. 领取并检查毛坯

领取毛坯，测量毛坯外形尺寸，判断毛坯是否有足够的加工余量。

二、制作錾口手锤

（一）将毛坯锯、锉成长方体

将 ϕ30 mm × 90 mm 的棒料毛坯锯、锉成图 2–12 所示长方体。

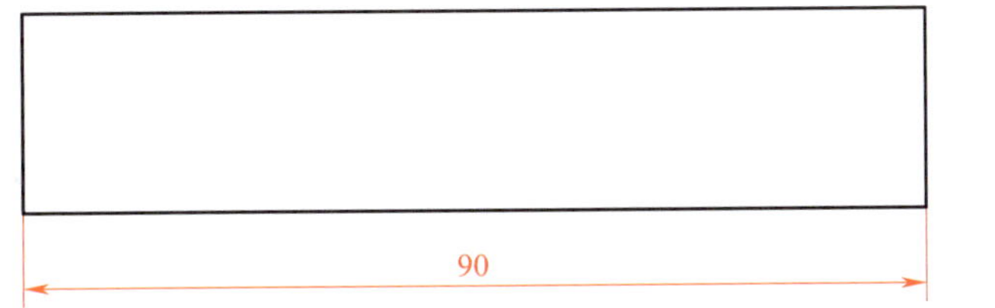

图 2–12　将棒料毛坯锯、锉成长方体

毛坯尺寸为 ϕ30 mm × 90 mm，两端面为车削表面，故只考虑加工四个侧面。四个侧面的加工顺序如图 2–13 所示。

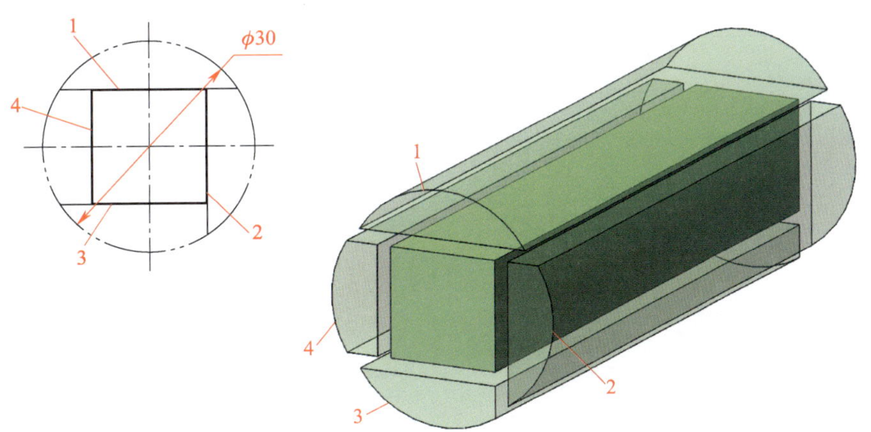

图 2–13　四个侧面的加工顺序

每一个面的加工都应按照划线、锯削、锉削的步骤进行。将加工步骤填入表 2–8 中。

表 2–8　　**锯、锉长方体加工步骤**

步骤	加工内容	图示
1		
2		

续表

步骤	加工内容	图示
3		
4		
5		
6		
7		

（二）精锉长方体

按图 2–14 所示尺寸精锉长方体，将加工步骤填入表 2–9 中。

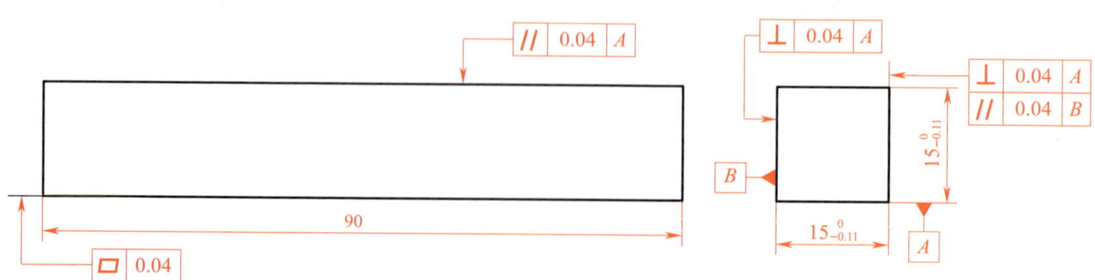

图 2–14　精锉长方体

表 2–9　　　　　　　　　　　　**精锉长方体加工步骤**

步骤	加工内容	图示
1		
2		
3		平行面 侧面2　侧面1 基准面
4		
5		

提示：装夹时采用软钳口（铜皮或铝皮制成）保护工件的已加工表面。

（三）划线

擦去工件表面油污，涂红丹（或蓝油）。用游标高度卡尺、钢直尺、划规、划针，按图 2–15 所示尺寸，划出錾口手锤头部和中间轮廓加工线、錾口手锤底部倒角轮廓线、斜面锯削线。观看錾口手锤的划线演示动画，将具体划线步骤填入表 2–10 中。

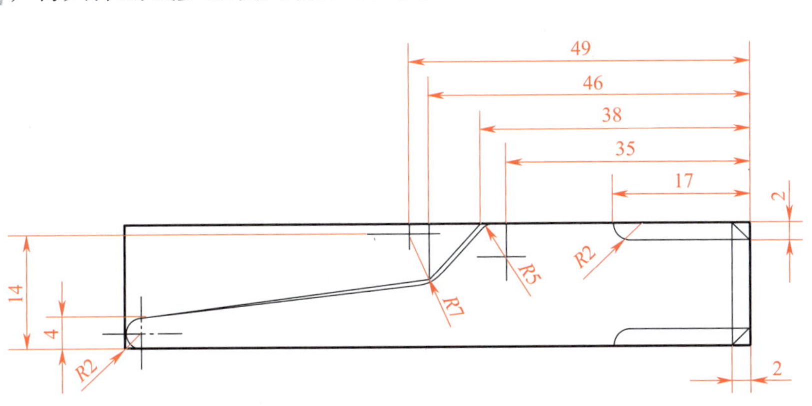

图 2–15　划线示意图

表 2–10 划线步骤

步骤	划线内容	图示
1		
2		
3		
4		
5		

（四）锯削斜面

将工件装夹在台虎钳上，按图 2–15 所划锯削线锯削斜面。因为锯削面为斜面，装夹工件时必须将工件倾斜，使切口垂直于钳口，锯削后的形状如图 2–16 所示。

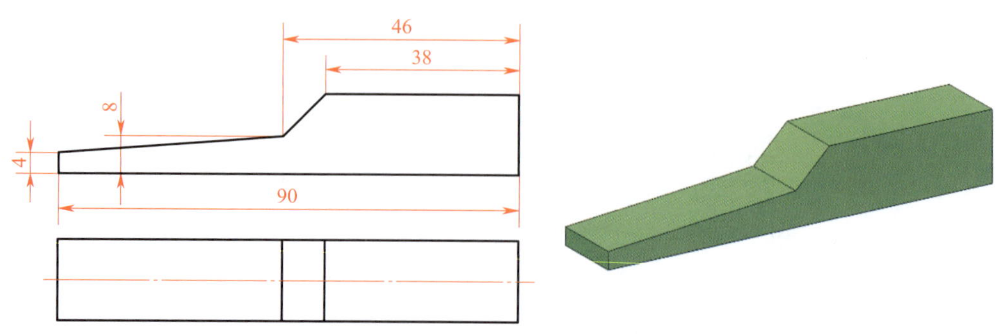

图 2–16 锯削后的形状

（五）锉削轮廓面并倒角

将工件装夹到台虎钳上，应用扁锉、半圆锉和圆锉，锉削錾口手锤上的 $R2$ mm 圆弧面、斜面、$R7$ mm 圆弧面、$R5$ mm 圆弧面、$C2$ mm 倒角和 $R2$ mm 圆弧角，结果如图 2–17 所示。锉削过程中，要不时地用半径样板检测圆弧面，保证圆弧尺寸符合图样要求。

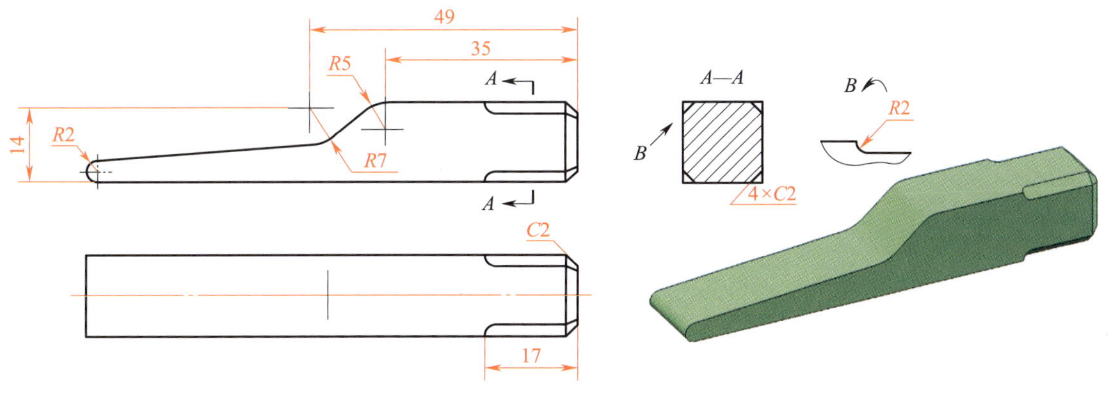

图 2–17　锉削轮廓面并倒角

（六）钻螺纹底孔并孔口倒角

擦去工件表面油污，在钻孔处涂红丹（或蓝油），划出螺纹底孔中心及其轮廓线，并用样冲在中心处打样冲眼。用 $\phi6.8$ mm 直柄麻花钻钻通孔，并用 $\phi12$ mm 直柄麻花钻在两端孔口倒角，结果如图 2–18 所示。将具体加工步骤填入表 2–11 中。

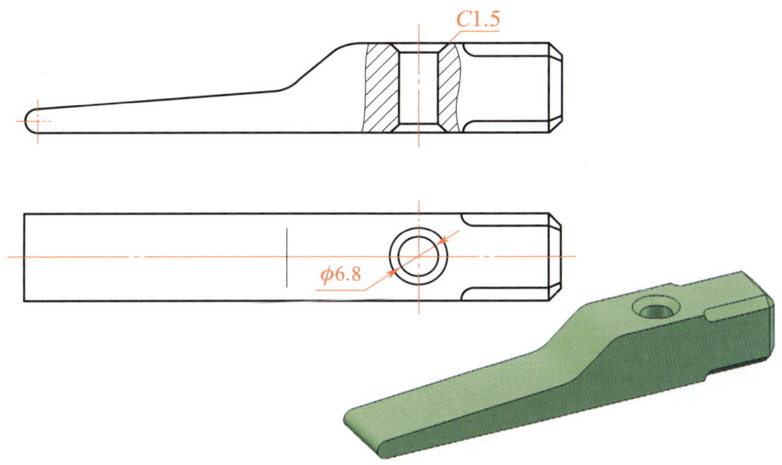

图 2–18　钻螺纹底孔并孔口倒角

表 2–11　**钻螺纹底孔、孔口倒角加工步骤**

步骤	加工内容
1	

续表

步骤	加工内容
2	
3	
4	
5	

（七）攻螺纹

将工件装夹到台虎钳上，使螺纹底孔中心线处于铅垂位置。用铰杠夹持 M8 丝锥，按操作要领进行攻螺纹。简述攻螺纹具体操作步骤。

（八）热处理

錾口手锤的两端锤击部分，采用淬火加中温回火处理至 50 ~ 55HRC，心部不淬火。錾口手锤热处理的操作步骤见表 2–12。

表 2–12　錾口手锤热处理的操作步骤

步骤	操作内容	备注
1	把錾口手锤放在电阻炉中加热至 800 ~ 840 ℃，保温 15 min	
2	将工件从炉中取出后，在冷水中连续掉头淬火，浸入水中深度约 5 mm	待工件呈暗黑色后，全面浸入水中
3	将工件从水中取出后，再加热至 250 ~ 300 ℃，保温一段时间后，在空气中冷却	
4	待工件冷却后，在洛氏硬度计上进行硬度检测	

提示

（1）必须由专人负责电阻炉，包括开关炉门、拿放工件、电源控制和加温操作等。

（2）打开炉门时应穿戴较厚的防护服装（特别是要戴防护手套），并应站在炉门的侧面，以避免热灼伤。

（3）拿取工件须用较长的钳子完成。

（4）淬火时将工件轻轻投入水中，以防止被溅起的热水烫伤。

（5）不要急于用手拿待冷却的工件，以防止因工件冷却不彻底而被烫伤。

（九）记录加工过程中遇到的问题

在表 2–13 中记录錾口手锤加工过程中遇到的问题，并分析问题的产生原因、预防措施与改进办法。

表 2–13 錾口手锤加工过程中遇到的问题记录单

序号	问题	产生原因	预防措施	改进办法
1				
2				
3				
4				
5				
6				

三、清理现场，归置物品

完成錾口手锤的制作后，按照车间“7S”管理规定要求，保养工量刃具，清理现场，合理归置物品。

学习环节五　零件检测与加工质量分析

学习目标

1. 能根据錾口手锤检测要素，正确领取检测量具。

2. 能按产品质量检验单要求，规范、熟练地应用游标卡尺、千分尺、刀口尺、直角尺、表面粗糙度比较样块等量具对錾口手锤进行加工质量检测。

3. 能依据錾口手锤的检测结果，以小组合作方式对产生的质量问题进行分析，优化加工方案。

4. 能按照保养规范要求，以小组合作方式完成游标卡尺、千分尺、刀口尺、直角尺、表面粗糙度比较样块的维护与保养。

建议学时

4 学时

学习要求

序号	学习步骤	学习内容	学时	备注
1	领取检测量具	检测量具的领取	0.5	
2	检测錾口手锤	1. 应用千分尺检测长度尺寸 2. 平面度的检测 3. 平行度的检测 4. 垂直度的检测 5. 表面粗糙度的检测	1.5	
3	分析加工质量	錾口手锤加工质量分析	1	
4	保养及归还量具	量具保养方法	0.5	
5	交付产品	产品交付步骤	0.5	

学习步骤

一、领取检测量具

分析錾口手锤检测要素，领取检测量具，填入表 2–14 中。

表 2-14　　錾口手锤检测要素及量具表

序号	检测要素	量具名称	量具规格

二、检测錾口手锤

按表 2-15 中项目与技术要求进行检测。

表 2-15　　錾口手锤检测项目与技术要求表

序号	名称	配分	项目与技术要求	评分标准	检测记录	得分
1	主要尺寸（50 分）	2×3	$15_{-0.11}^{0}$ mm（2 处）	超差不得分		
2		3	∥ 0.04 A	超差不得分		
3		3	∥ 0.04 B	超差不得分		
4		4	▱ 0.04	超差不得分		
5		2×3	⊥ 0.04 A（2 处）	超差不得分		
6		10	M8	不合格不得分		
7		6	*R*2 mm	超差不得分		
8		6	*R*7 mm	超差不得分		
9		6	*R*5 mm	超差不得分		
10	次要尺寸（25 分）	5	17 mm	超差不得分		
11		5	24 mm	超差不得分		
12		5	35 mm	超差不得分		
13		5	49 mm	超差不得分		
14		5	14 mm	超差不得分		
15	表面粗糙度（10 分）	5×2	*Ra*3.2 μm（5 处）	降级不得分		
16	主观评分（10 分）	3.5	已加工零件倒角、倒圆、倒钝锐边、去毛刺是否符合图样要求			
17		3.5	已加工零件是否有划伤、碰伤和夹伤			
18		3	已加工零件与图样要求的一致性以及其余表面粗糙度			

续表

序号	名称	配分	项目与技术要求	评分标准	检测记录	得分
19	更换或添加毛坯（5分）	5	是否更换或添加毛坯		是 / 否	
20	职业素养	扣分	能正确穿戴工作服、工作鞋、安全帽和护目镜等劳动防护用品。每违反一项扣2分			
21			能规范使用设备、工具、量具和辅具。每违反一次扣2分			
22			能做好设备清洁、保养工作。不清洁、不保养扣3分；清洁、保养不彻底扣2分			
总配分		100	总得分			

三、分析加工质量

根据检测结果，分析不合格项目的产生原因，并提出预防与改进措施，完成錾口手锤加工质量分析表（表2–16）的填写。

表2–16　　錾口手锤加工质量分析表

序号	不合格项目	产生原因	预防与改进措施
1			
2			
3			
4			
5			
6			
7			

续表

序号	不合格项目	产生原因	预防与改进措施
8			
9			
10			

四、保养及归还量具

检测完毕，规范维护与保养所用量具，并按要求归还。

五、交付产品

将合格产品交付生产技术部。

学习环节六　工作总结与评价

学习目标

1. 能以小组合作方式完成成果汇报，按分组情况展示作品，使用专业术语讲述任务完成情况。
2. 能记录其他小组对作品的评价和改进建议，小组合作总结工作经验，优化加工策略。
3. 能结合錾口手锤制作完成情况，小组合作撰写工作总结，并进行成本估算。
4. 能按照“錾口手锤的制作”学习任务考核表完成综合评价。

建议学时

4 学时

学习要求

序号	学习步骤	学习内容	学时	备注
1	展示与评价作品	1. 作品展示与评价 2. 缺陷原因分析	2	
2	总结工作经验	1. 工作总结方法 2. 加工策略优化	1	
3	估算成本	成本估算方法	1	

学习步骤

一、展示与评价作品

以小组为单位派出代表介绍自己小组的优秀作品，通过作品展示，锻炼小组成员的表达能力，同时提升每一位成员的专业素养。

1. 选出组内评价较高的作品进行展示，并就作品的实用性、工艺性和产品质量等内容做必要介绍，听取并记录其他小组对本组作品的评价和改进建议。

（1）实用性

（2）工艺性

（3）产品质量

尺寸精度：

表面粗糙度：

2. 所展示作品中有哪些部位存在尺寸缺陷和表面质量缺陷？简要分析是什么原因导致的，并提出避免产生质量缺陷的加工建议。

（1）质量缺陷

尺寸缺陷：

表面质量缺陷：

（2）试提出避免产生质量缺陷的加工建议。

（3）如果下次接到相似的任务，在加工过程中，应优化哪些加工策略？

二、总结工作经验

总结制作錾口手锤的心得体会。

1. 通过制作錾口手锤，掌握了哪些钳工工艺知识？

2. 通过制作錾口手锤，掌握了哪些钳工操作技能？

3. 按照本任务给定的加工工艺过程卡的加工顺序进行加工，对保障产品精度和质量有哪些意义？若变更加工顺序会产生哪些影响？

三、估算成本

1. 总结加工内容、工时，填写表 2–17 并进行成本估算。

表 2–17　　錾口手锤制作成本估算

序号	加工内容	工时	成本估算项目			成本估算值
			设备	能源	辅料	
1						
2						
3						
4						
5						
6						
7						
8						
9						
10						

2. 在估算錾口手锤的成本时，考虑人工费、管理费、税费了吗？如果要计算人工费、管理费、税费，錾口手锤的成本应如何估算？重新估算后，把相关追加的成本因素写下来。

"錾口手锤的制作"学习任务考核表

考核项目			考核方式及权重					
序号	考核内容	配分	自评		互评		师评	
			占比	得分	占比	得分	占比	得分
1	錾口手锤工序简图的绘制	25	20%		20%		60%	
2	丝锥种类的识别	10	10%		20%		70%	
3	外径千分尺的使用	15	—		20%		80%	
4	螺纹的加工	15	—		20%		80%	
5	錾口手锤热处理安全操作规程的执行	10	—		—		100%	
6	錾口手锤圆弧尺寸的检测	15	—		30%		70%	
7	錾口手锤制作工艺策略的优化	10	10%		20%		70%	
合计		100						

任务拓展

制作刀口形直角尺

一、任务描述

某企业需要制作 30 件如图 2–19 所示刀口形直角尺，毛坯为 105 mm × 75 mm × 6 mm 的板料，材料为 45 钢。生产技术部将该项生产任务安排给钳工组，刀口形直角尺表面要求光洁、美观、无毛刺。观看刀口形直角尺的制作微课，明确任务内容。

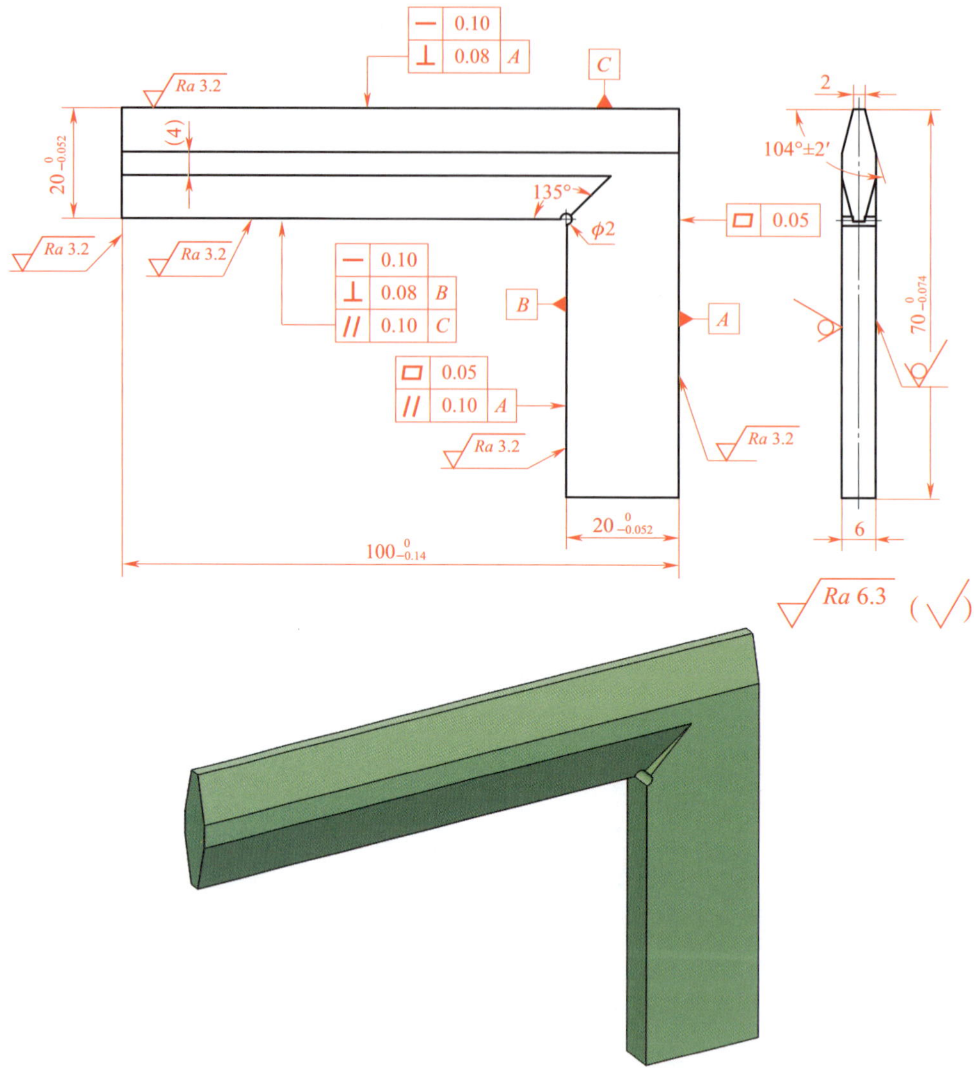

图 2-19　刀口形直角尺

二、评分标准

按表 2-18 中项目与技术要求检测刀口形直角尺尺寸是否合格。

表 2-18　　**刀口形直角尺检测项目与技术要求表**

序号	名称	配分	项目与技术要求	评分标准	检测记录	得分
1	主要尺寸（50分）	2×4	20$^{0}_{-0.052}$ mm（2处）	超差不得分		
2		4	100$^{0}_{-0.14}$ mm	超差不得分		
3		3	70$^{0}_{-0.074}$ mm	超差不得分		
4		2×5	⏤ 0.10（2处）	超差不得分		
5		5	⊥ 0.08 A	超差不得分		
6		4	// 0.10 A	超差不得分		

续表

序号	名称	配分	项目与技术要求	评分标准	检测记录	得分
7		4	∥ 0.10 *C*	超差不得分		
8		2×4	▱ 0.05（2 处）	超差不得分		
9		4	⊥ 0.08 *B*	超差不得分		
10	次要尺寸（25 分）	4×3	104° ±2′（4 处）	超差不得分		
11		2×3	135°（2 处）	超差不得分		
12		2	2 mm	超差不得分		
13		3	4 mm	超差不得分		
14		2	ϕ2 mm	超差不得分		
15	表面粗糙度（10 分）	5×2	*Ra*3.2 μm（5 处）	降级不得分		
16	主观评分（10 分）	3.5	已加工零件倒角、倒圆、倒钝锐边、去毛刺是否符合图样要求			
17		3.5	已加工零件是否有划伤、碰伤和夹伤			
18		3	已加工零件与图样要求的一致性以及其余表面粗糙度			
19	更换或添加毛坯（5 分）	5	是否更换或添加毛坯		是 / 否	
20	职业素养	扣分	能正确穿戴工作服、工作鞋、安全帽和护目镜等劳动防护用品。每违反一项扣 2 分			
21			能规范使用设备、工具、量具和辅具。每违反一次扣 2 分			
22			能做好设备清洁、保养工作。不清洁、不保养扣 3 分；清洁、保养不彻底扣 2 分			
总配分		100	总得分			

学习任务三　对开夹板的制作

任务描述

【任务情景】某公司接到一批零件加工订单，加工过程中需要用对开夹板进行零件装夹，数量为30副。图3–1所示为对开夹板装配图，图3–2所示为夹板A零件图，图3–3所示为夹板B零件图。毛坯尺寸为20 mm × 20 mm × 122 mm，材料为45钢，生产主管计划由钳工组完成加工任务。

【任务要求】对开夹板应符合图样要求。在制作过程中，严格按照工艺文件流程进行制作，遵守钳工车间安全生产制度和操作规范。

【任务资料】对开夹板生产任务单、对开夹板图样、对开夹板加工工艺过程卡、领料单、工量刃具借（还）交接单、对开夹板质量检测表、产品交接单等。

观看对开夹板的制作微课，明确任务内容。

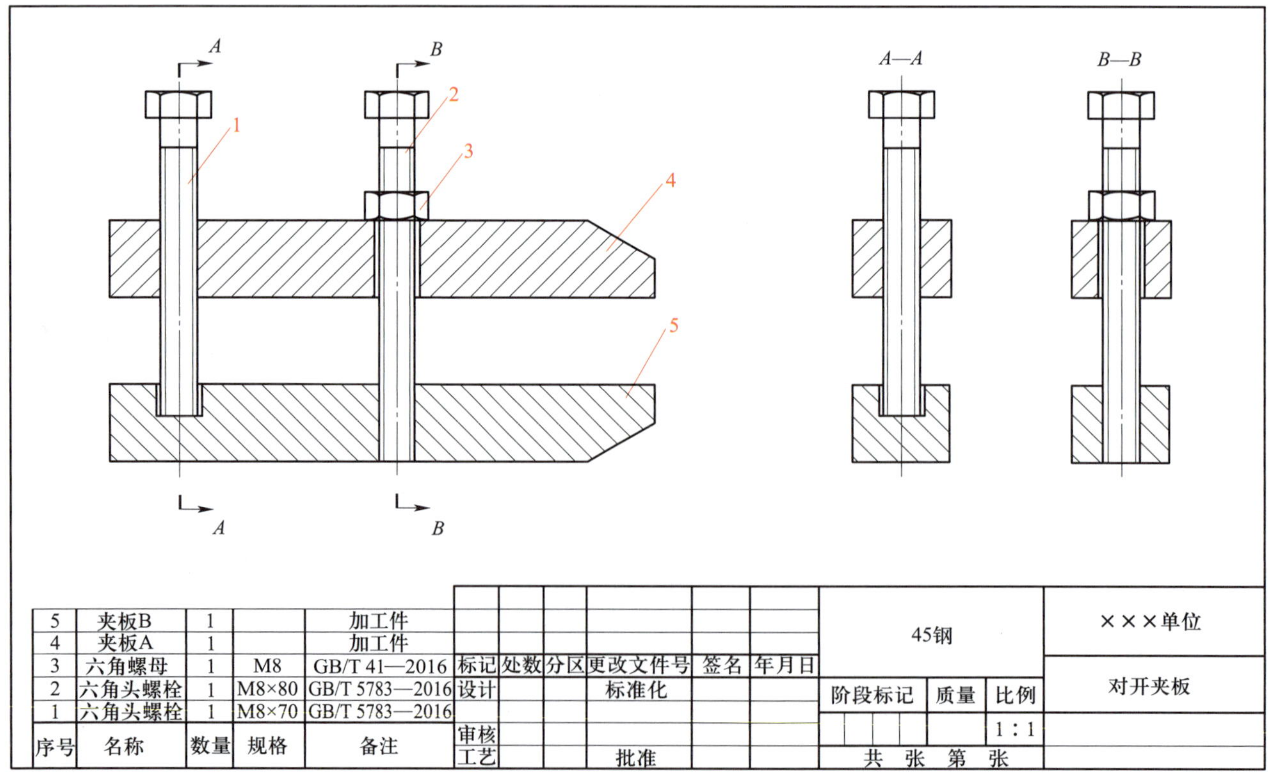

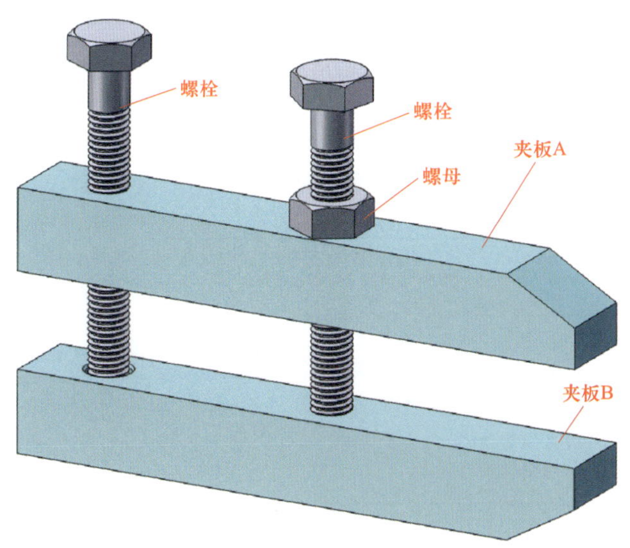

图 3-1　对开夹板装配图

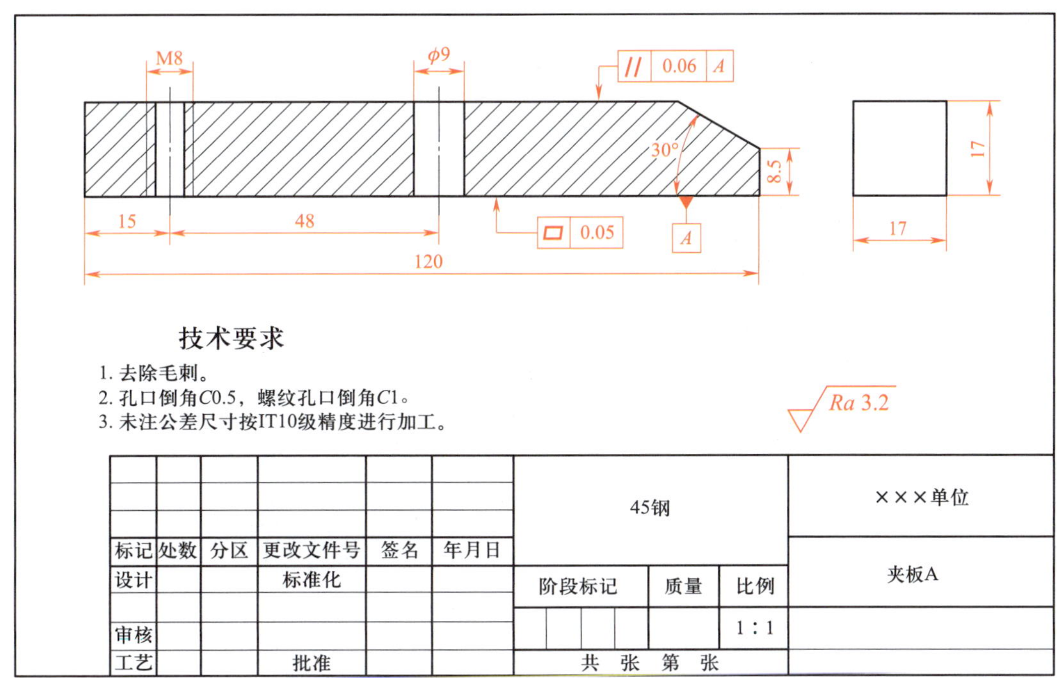

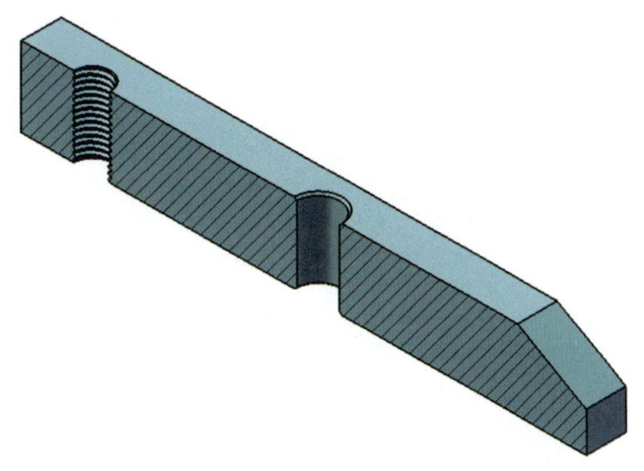

图 3-2　夹板 A 零件图

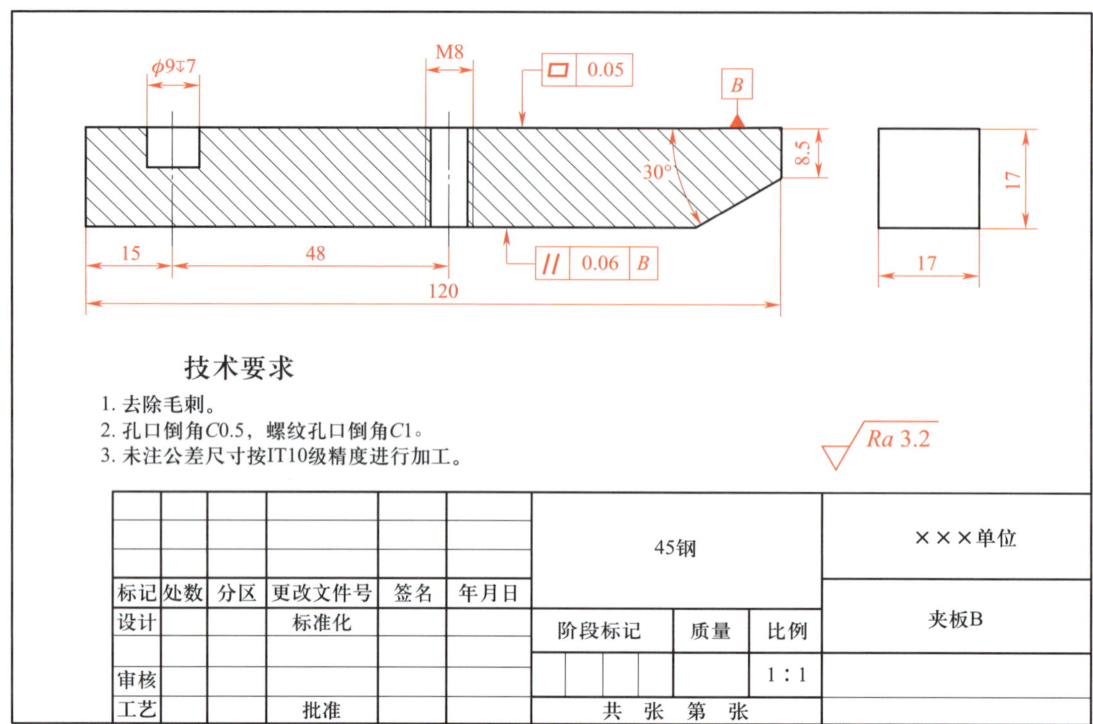

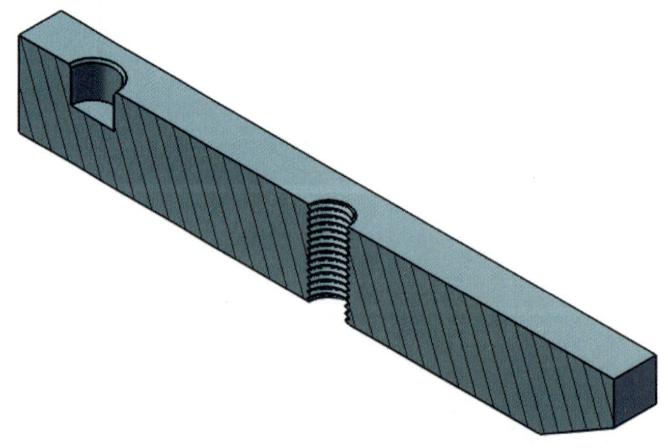

图 3-3 夹板 B 零件图

学习目标及学时

序号	学习环节	学时	学习目标
1	接受工作任务	4	能依据信息页等资料，正确识读生产任务单和对开夹板图样，准确获取工作任务、零件尺寸和加工质量等信息
2	确定加工步骤	4	能根据任务要求，独立制订合理的工作进度计划；能通过小组合作方式，编制对开夹板加工工艺方案，明确对开夹板加工步骤
3	加工准备	2	能查阅信息页或观看操作视频，识别砂轮机和麻花钻的结构，安全规范地操作砂轮机刃磨麻花钻
4	制作对开夹板	22	能依据对开夹板加工步骤，正确领取工量刃具，严格遵守钳工安全操作规程，完成对开夹板的制作

续表

序号	学习环节	学时	学习目标
5	零件检测与加工质量分析	4	能按产品质量检验单要求，应用千分尺、刀口尺、直角尺、螺纹塞规等量具完成对开夹板加工质量检测，并进行产品质量分析及方案优化
6	工作总结与评价	4	能使用专业术语讲述任务完成情况，记录评价和改进建议，总结工作经验，优化加工策略，规范地撰写工作总结

学习路径

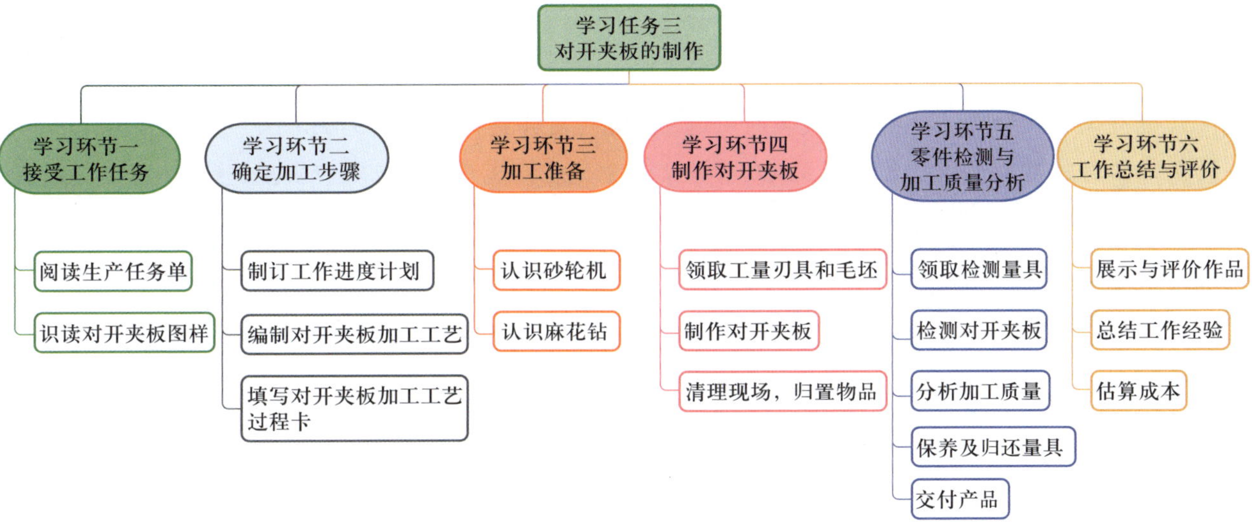

学习环节一　接受工作任务

学习目标

1. 能独立从生产主管处领取并正确阅读生产任务单，准确获取零件名称、制作材料、零件数量和完成时间等任务信息。

2. 能查阅信息页等资料，正确识读对开夹板零件图和装配图，准确获取对开夹板的形状、尺寸、表面粗糙度、几何公差等加工信息。

3. 能查阅相关资料，明确对开夹板的用途，并阐述对开夹板的工作过程。

4. 在工作过程中，能自我约束、服从管理、尊重他人，认真听取他人想法，进行有效的沟通与合作，创造积极向上的工作氛围。

建议学时

4 学时

学习要求

序号	学习步骤	学习内容	学时	备注
1	阅读生产任务单	生产任务信息的收集与提取	1	
2	识读对开夹板图样	1. 对开夹板图样 2. 螺纹的画法 3. 螺栓连接	3	

学习步骤

一、阅读生产任务单

（一）领取生产任务单

从生产主管处领取对开夹板生产任务单（表 3–1）。

表 3–1　对开夹板生产任务单

单　　号：	开单时间：　　　年　月　日　时
开单部门：	开　单　人：
接　单　人：　　　　部　　　　组	签　　名：

续表

<table>
<tr><td colspan="5">以下由开单人填写</td></tr>
<tr><td>序号</td><td>产品名称</td><td>材料</td><td>数量</td><td>技术标准、质量要求</td></tr>
<tr><td>1</td><td>对开夹板</td><td>45 钢</td><td>30 副</td><td>按图样要求</td></tr>
<tr><td>2</td><td></td><td></td><td></td><td></td></tr>
<tr><td>3</td><td></td><td></td><td></td><td></td></tr>
<tr><td>4</td><td></td><td></td><td></td><td></td></tr>
<tr><td colspan="2">任务细则</td><td colspan="3">1. 到仓库领取相应的材料
2. 根据现场情况选用合适的工具、量具和设备
3. 根据加工工艺进行加工，交付检验
4. 填写生产任务单，清理工作场地，完成工具、量具和设备的维护与保养</td></tr>
<tr><td colspan="2">任务类型</td><td>☑钳加工</td><td>完成工时</td><td>40 h</td></tr>
</table>

<table>
<tr><td colspan="3">以下由开单人填写</td></tr>
<tr><td>领取材料</td><td></td><td rowspan="2">仓库管理员（签名）

年　月　日</td></tr>
<tr><td>领取工具、量具</td><td></td></tr>
<tr><td>完成质量
（小组评价）</td><td></td><td>班组长（签名）

年　月　日</td></tr>
<tr><td>用户意见
（教师评价）</td><td></td><td>用户（签名）

年　月　日</td></tr>
<tr><td>改进措施
（反馈改良）</td><td colspan="2"></td></tr>
</table>

注：生产任务单与对开夹板图样、加工工艺过程卡一起领取。

（二）获取生产任务信息

1. 阅读生产任务单，将零件名称、制作材料、零件数量和完成时间填入表 3–2 中。

表 3–2　　生产任务信息

零件名称		制作材料	
零件数量		完成时间	

2. 查阅相关资料，明确对开夹板的用途，并阐述对开夹板的工作过程。

二、识读对开夹板图样

1. 构成夹板 A 与夹板 B 零件轮廓的几何要素有哪些？

2. 查阅信息页，说明下列有关孔的标注含义及作用，并填入表 3-3 中。

表 3-3 孔的标注含义及作用

标注类型图示	含义及作用
M8	含义： 作用：
$\phi 9$	含义： 作用：
$\phi 9 \downarrow 7$	含义： 作用：

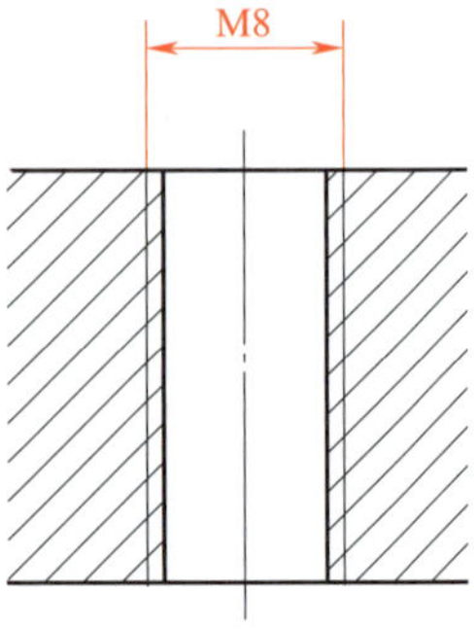

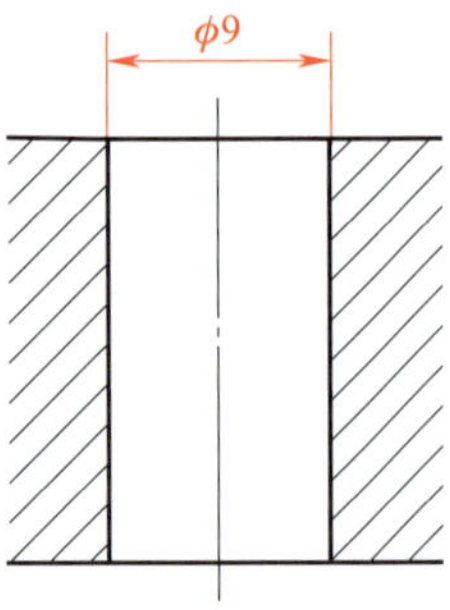

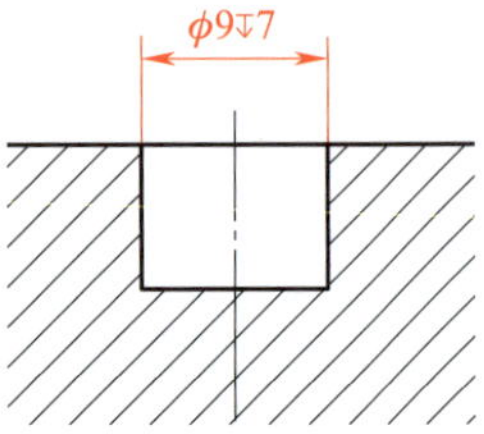

3. 分析对开夹板装配图可知，夹板 A 与夹板 B 通过螺孔与六角头螺栓进行螺纹配合。查阅信息页，在图 3–4 中绘制螺纹装配图，并结合生活、生产中所见，举例说明螺纹连接的应用场合。

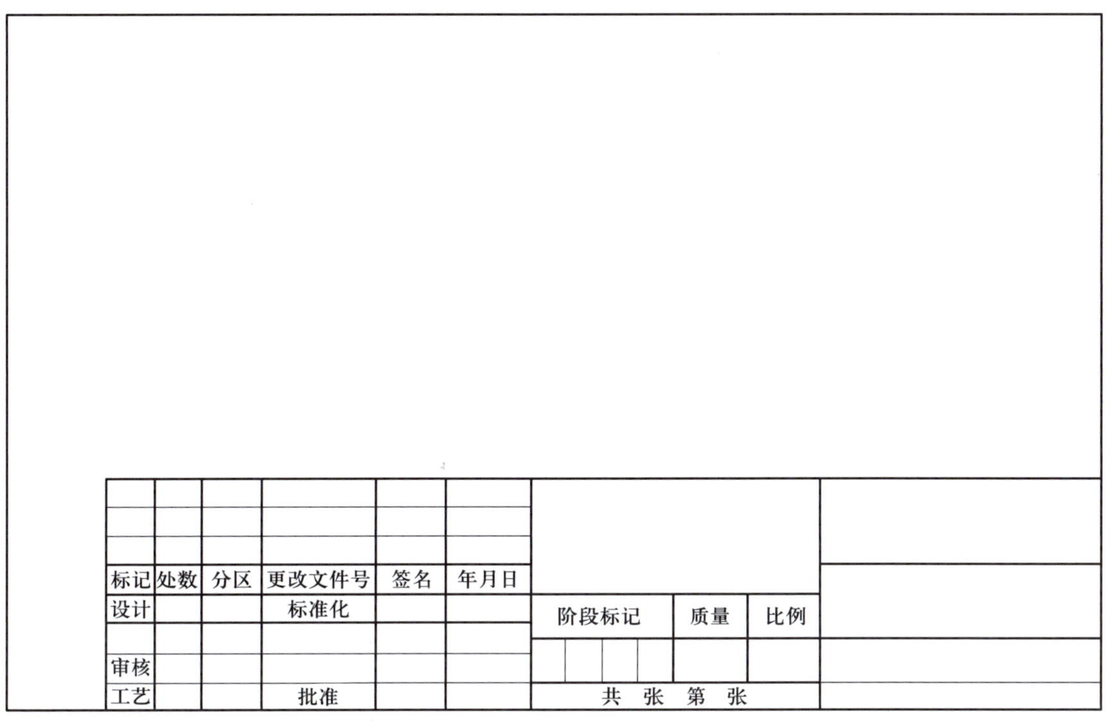

图 3–4　绘制螺纹装配图

4. 螺纹的种类规格很多，为了区分不同的螺纹，国家标准中规定了螺纹的标记方法。查阅信息页，根据给定的螺纹要素标记螺纹。

（1）普通螺纹，公称直径为 24 mm，右旋螺纹，中径公差带代号为 5g，顶径公差带代号为 6g，中等旋合长度。

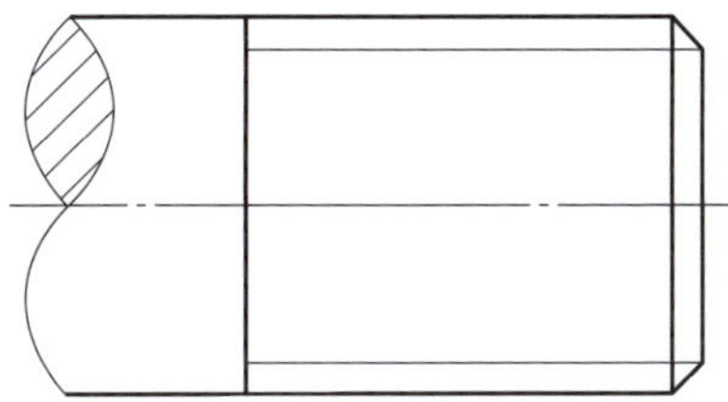

（2）普通螺纹，公称直径为 26 mm，螺距为 1.5 mm，左旋螺纹，中径、顶径公差带代号为 6h，旋合长度为 40 mm。

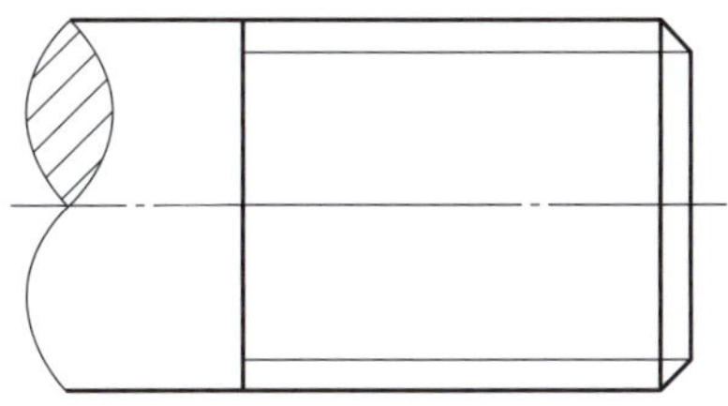

5. 夹板 A 与夹板 B 的零件图中并未直接注明零件各尺寸的极限偏差，但在技术要求中注明“未注公差尺寸按 IT10 级精度进行加工”。查阅标准，在表 3–4 中填写夹板 A 与夹板 B 各加工尺寸的极限偏差范围。

表 3–4 夹板 A 与夹板 B 各加工尺寸的极限偏差范围 mm

序号	加工尺寸	极限偏差范围

学习环节二　确定加工步骤

学习目标

1. 能根据工作任务要求，独立制订合理的工作进度计划，并根据小组成员的特点进行分工。

2. 能通过小组合作方式，编制对开夹板加工工艺方案，在讨论过程中尊重他人，认真听取他人想法，进行有效的沟通与合作。

3. 能展示小组编制的对开夹板工艺方案，阐述加工工艺确定的理由与依据。

4. 能充分听取他人意见或建议，完善或改进工艺方案。

5. 能正确填写对开夹板加工工艺过程卡。

建议学时

4 学时

学习要求

序号	学习步骤	学习内容	学时	备注
1	制订工作进度计划	工作进度计划	0.5	
2	编制对开夹板加工工艺	编制对开夹板加工工艺	3	
3	填写对开夹板加工工艺过程卡	对开夹板加工工艺过程卡	0.5	

学习步骤

一、制订工作进度计划

根据生产任务工时，依据任务要求，制订合理的工作进度计划（表 3–5），并根据小组成员的特点进行分工。

表 3–5　　工作进度计划

序号	工作内容	时间	成员	负责人
1	确定加工步骤			

续表

序号	工作内容	时间	成员	负责人
2	加工准备			
3	制作对开夹板			
4	零件检测与加工质量分析			
5	工作总结			

二、编制对开夹板加工工艺

1. 对开夹板是生产中常用到的一种简单夹具。以小组为单位进行讨论，列出对开夹板加工时的重点和难点。

2. 从高效、节能、环保等角度出发，分组讨论对开夹板的加工工艺，并做好内容记录。

3. 展示本小组编写的加工工艺，并从高效、节能、环保等角度阐述加工工艺确定的理由与依据（编写展示方案提纲和展示说明稿）。

4. 在听取他人的意见或建议后，结合其他小组的加工工艺方案，你认为你们的加工工艺方案是否需要进行完善或改进？如需完善或改进，列出需要进行完善和改进的地方。

5. 根据对开夹板的功能及使用方法，你认为对开夹板在加工时最应保证哪些要素的加工精度？试阐述理由。

6. 根据图样要求，查阅信息页，确定 M8 螺孔加工时的底孔直径，并确定所需选用的刀具种类及规格。

7. 查阅信息页，试确定 $\phi 9$ mm 沉孔的加工方法，并进行记录（建议配上加工简图）。

三、填写对开夹板加工工艺过程卡（表 3–6、表 3–7）

表 3–6　　　　夹板 A 加工工艺过程卡

加工工艺过程卡	产品型号		零（部）件图号			
	产品名称		零（部）件名称		共　页	第　页

材料牌号		毛坯种类		毛坯外形尺寸		每毛坯可制件数		每台件数		备注	

工序号	工序名称	工序内容	车间	工段	设备	工艺装备	工时	
							单件	最终

										设计（日期）	审核（日期）	标准化（日期）	会签（日期）
标记	处数	更改文件号	签字	日期	标记	处数	更改文件号	签字	日期				

表 3–7　　**夹板 B 加工工艺过程卡**

加工工艺过程卡	产品型号		零（部）件图号			
	产品名称		零（部）件名称		共　页	第　页

材料牌号		毛坯种类		毛坯外形尺寸		每毛坯可制件数		每台件数		备注	

工序号	工序名称	工序内容	车间	工段	设备	工艺装备	工时	
							单件	最终

										设计（日期）	审核（日期）	标准化（日期）	会签（日期）
标记	处数	更改文件号	签字	日期	标记	处数	更改文件号	签字	日期				

学习环节三 加工准备

学习目标

1. 能通过查阅信息页等资料，识别砂轮机的结构，获取砂轮机的操作方法及操作时的安全注意事项。

2. 能通过查阅信息页等资料，正确认识麻花钻及其几何角度，安全规范地操作砂轮机刃磨麻花钻。

3. 能选择合适的检测工具，测量并判断麻花钻切削角度的合理性。

建议学时

2 学时

学习要求

序号	学习步骤	学习内容	学时	备注
1	认识砂轮机	砂轮机的结构、操作方法及操作时的安全注意事项	1	
2	认识麻花钻	麻花钻的结构及刃磨方法	1	

学习步骤

一、认识砂轮机

1. 砂轮机是刃磨刀具用的重要设备，查阅信息页，填写完成表 3–8 内容。

表 3–8　　砂轮机的组成

序号	图示	组成
1	2 3 4 5 1	砂轮机的组成： 1—________； 2—________； 3—________； 4—________； 5—________。
2		常用的砂轮种类有：________ ________ ________

2. 砂轮工作时处于高速旋转状态，一旦砂轮碎裂或在刃磨操作过程中产生失误，都将会造成严重的后果。因此，在操作砂轮机时，除了要掌握熟练的操作技能，还需要做好必要的安全防护措施。查阅信息页，说明砂轮机的操作方法及操作时的安全注意事项。

二、认识麻花钻

1. 刃磨麻花钻是钳工必须掌握的技能之一。麻花钻在使用一段时间后会产生磨损，造成刃口钝化，这就需要对麻花钻的切削部分按一定的技术要求进行刃磨。查阅信息页，在图 3–5 中标注麻花钻切削部分的几何角度和刃磨要求。

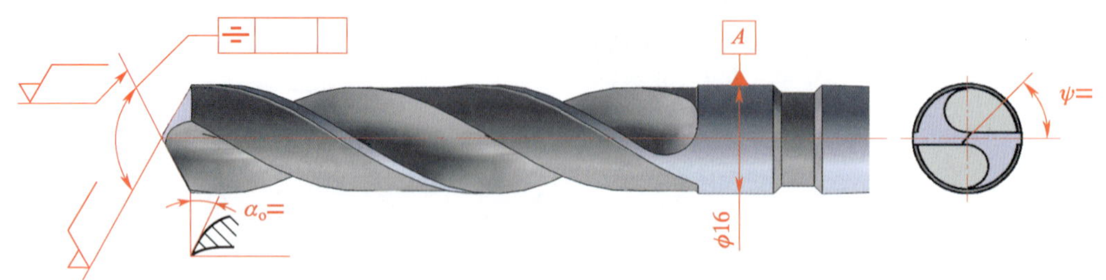

图 3–5　麻花钻切削部分的几何角度和刃磨要求

2. 麻花钻的正确刃磨，对提高钻削质量、生产效率、钻头的寿命有着非常显著的影响。查阅信息页，并观看麻花钻的刃磨操作视频 和麻花钻顶角的检测演示动画 ，在表 3–9 中填写麻花钻刃磨时的操作技术要点。

表 3–9　麻花钻刃磨时的操作技术要点

工艺内容	图示	操作技术要点
1. 刃磨前摆正麻花钻的刃磨位置		
2. 刃磨麻花钻的主切削刃		

续表

工艺内容	图示	操作技术要点
3. 检测麻花钻的后角	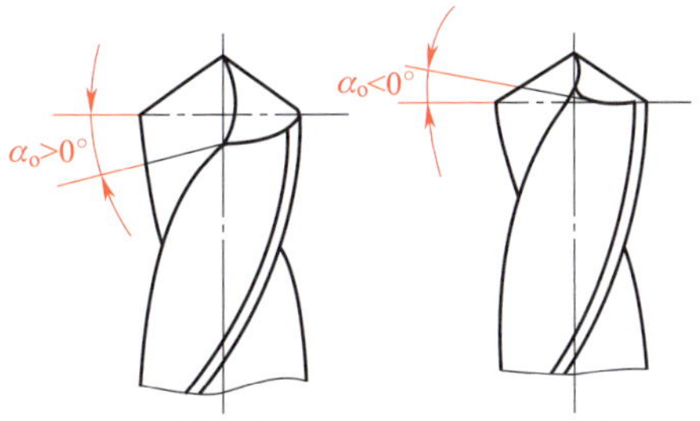 $\alpha_o>0°$　$\alpha_o<0°$ 刃磨正确　刃磨错误	
4. 检测麻花钻的顶角	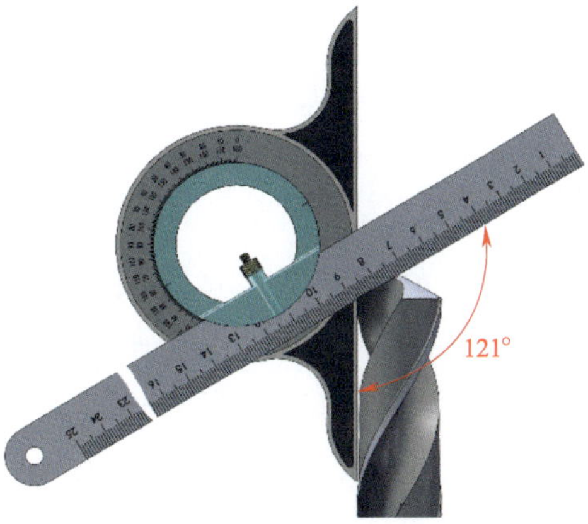 121°	
5. 修磨麻花钻的横刃	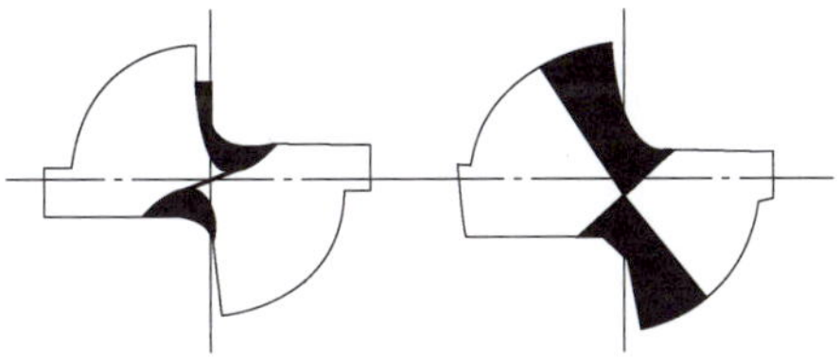 修磨前的钻头　修磨后的钻头	
6. 检验麻花钻刃磨质量		

学习环节四　制作对开夹板

学习目标

1. 能依据加工步骤，独立确定对开夹板加工过程所使用的工量刃具，并完成工量刃具领取、校验，做好加工前的场地及设备准备工作。

2. 能根据对开夹板图样，通过划线、锯削、锉削等操作完成对开夹板外轮廓的加工。

3. 能根据对开夹板图样，正确划出沉孔、螺孔和通孔位置加工线。

4. 能通过查阅信息页等资料，确定螺孔的底孔直径。

5. 能根据对开夹板图样，应用台式钻床完成通孔、螺纹底孔和沉孔加工；能应用丝锥和铰杠完成 M8 内螺纹的手动加工。

6. 能在加工过程中选用合适的量具，适时检测，控制对开夹板的尺寸精度，保证加工质量。

7. 能选用合适的工具，并根据装配图要求正确装配对开夹板。

8. 能按照车间“7S”管理规定及环保管理制度要求，独立完成工量刃具放置、现场整理和设备保养。

9. 能在作业过程中严格执行企业操作规范、安全生产制度、环保管理制度以及“7S”管理规定，具有吃苦耐劳、爱岗敬业的工作态度和职业责任感。

建议学时

22 学时

学习要求

序号	学习步骤	学习内容	学时	备注
1	领取工量刃具和毛坯	工量刃具和毛坯的领取与检查	0.5	
2	制作对开夹板	1. 检查毛坯尺寸 2. 锉削方料 3. 锯、锉夹板头部 30° 斜面 4. 划通孔、螺孔和沉孔位置线 5. 孔加工 6. 攻螺纹 7. 装配对开夹板 8. 记录加工过程中遇到的问题	21	
3	清理现场，归置物品	1. “7S” 管理制度 2. 设备、工具、量具的维护与保养	0.5	

学习步骤

一、领取工量刃具和毛坯

1. 领取并检查工量刃具

领取并检查工量刃具的状况，填写工量刃具清单（表 3–10）。

表 3–10 工量刃具清单

序号	名称	规格	数量	备注
1				
2				
3				
4				
5				
6				
7				
8				
9				
10				
11				
12				
13				
14				
15				
16				
17				
18				
19				
20				

2. 领取并检查毛坯

根据图样要求，确定制作对开夹板所需的毛坯、标准件等耗材，并在表 3–11 中填写耗材名称、规格、数量等信息。

表 3–11　　耗材领用单

序号	耗材名称	规格	数量	备注
领用人： 领用时间：　年　月　日		批准人： 批准时间：　年　月　日		管理员： 出库时间：　年　月　日

二、制作对开夹板

（一）检查夹板毛坯尺寸

请写出夹板 A 毛坯、夹板 B 毛坯的实际测量尺寸。

夹板 A：

夹板 B：

（二）锉削夹板 A 毛坯、夹板 B 毛坯成 17 mm × 17 mm × 120 mm 的方料

如何测量图 3–2 和图 3–3 所示夹板 A、夹板 B 中的平行度？

（三）锯、锉夹板头部 30° 斜面

请画出锯、锉夹板 A、夹板 B 头部 30° 斜面时夹板装夹在台虎钳上的示意简图并对其进行简要说明。

（四）划通孔、螺孔和沉孔位置线

划通孔、螺孔和沉孔位置线时，应选择哪些面作为划线基准？

（五）孔加工

按照制定的对开夹板加工工艺过程卡，在夹板 A 上钻出 M8 螺纹底孔（ϕ6.8 mm）和通孔（ϕ9 mm），在夹板 B 上钻出 M8 螺纹底孔（ϕ6.8 mm）和平底沉孔（ϕ9 mm）。

在对平底沉孔加工时需要用到柱形锪钻。结合图 3-6，描述柱形锪钻的结构特点，并查阅信息页，说明加工平底沉孔时的注意事项。

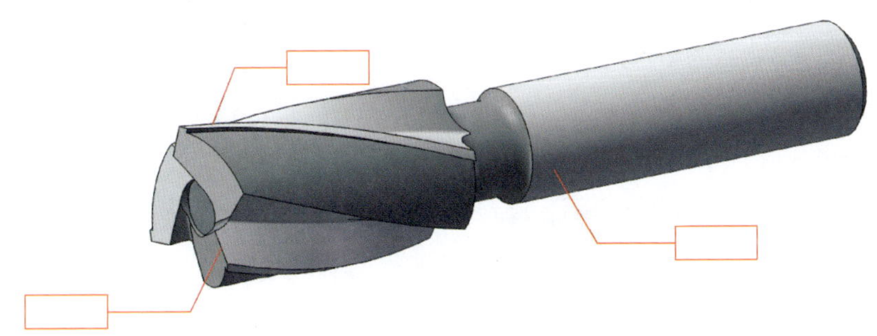

图 3-6　柱形锪钻的结构

（六）攻螺纹

1. 攻螺纹前，要在底孔的孔口处进行倒角，倒角的目的和要求分别是什么？

2. 当夹板上 M8 螺孔加工好后，用什么量具对其进行检测？如何判定所加工螺纹是否合格？

（七）装配对开夹板

1. 在装配对开夹板时，用到了六角头螺栓和六角螺母。针对这些标准件的装配，你知道应选用哪些装配工具吗？结合图 3–7，判断哪些工具可以用来装配对开夹板，并说明理由。

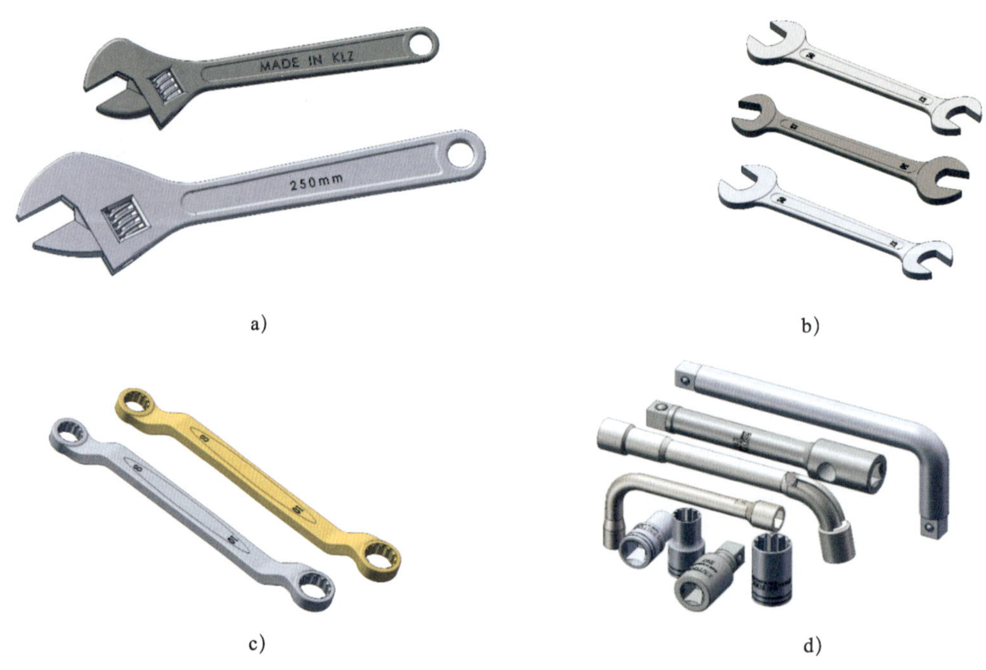

图 3–7　常用扳手

a）活扳手　b）呆扳手　c）整体扳手　d）套筒扳手

2. 活扳手的扳口由固定扳口和活动扳口组成，如图 3–8 所示。观看活扳手的结构与工作原理演示动画，说明活扳手在使用过程中的注意事项。

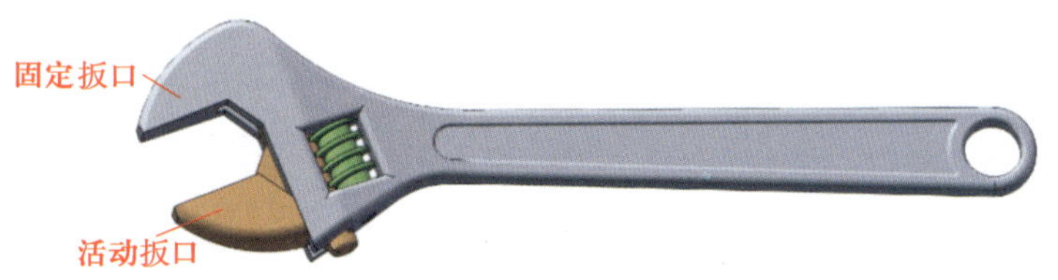

图 3–8　活扳手

3. 对开夹板中的螺纹连接属于普通螺纹连接中的螺栓连接，如图 3–9 所示。观看螺栓连接演示动画，说明这种螺纹连接方式的特点及应用场合。

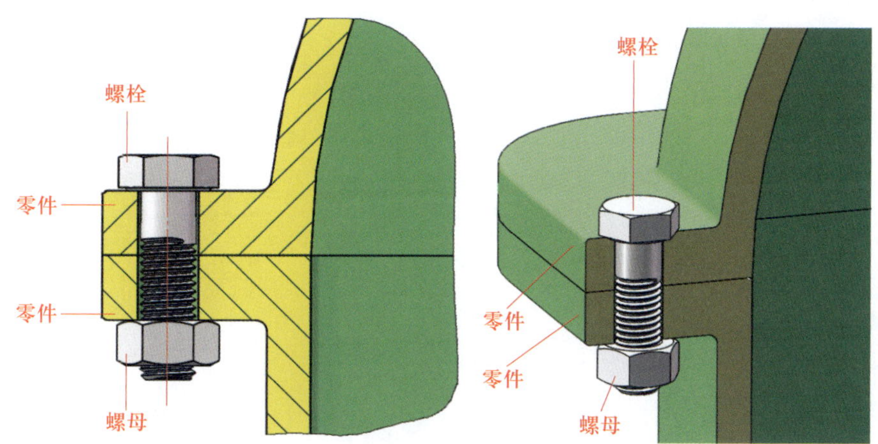

图 3–9　螺栓连接

4. 除螺栓连接以外，你知道普通螺纹连接还有哪些连接方式吗？它们各自的连接特点和应用场合是什么？查阅信息页，填写表 3-12。

表 3-12 普通螺纹连接

连接方式	示例简图	连接特点	应用场合

5. 装配的一般工艺过程有哪些？

（八）记录加工过程中遇到的问题

在表 3-13 中记录对开夹板加工过程中遇到的问题，并分析问题的产生原因、预防措施与改进办法。

表 3-13 对开夹板加工过程中遇到的问题记录单

序号	问题	产生原因	预防措施	改进办法
1				
2				
3				
4				
5				
6				
7				
8				

三、清理现场，归置物品

完成对开夹板的制作后，按照车间“7S”管理规定要求，保养工量刃具，清理现场，合理归置物品。

学习环节五　零件检测与加工质量分析

学习目标

1. 能根据对开夹板检测要素，正确领取检测量具并校验。

2. 能按产品质量检验单要求，规范、熟练地应用游标卡尺、千分尺、刀口尺、刀口形直角尺、表面粗糙度比较样块等量具对对开夹板进行加工质量检测。

3. 能依据对开夹板的检测结果，独立对产生的质量问题进行分析，优化加工方案。

4. 能按照保养规范要求，独立完成游标卡尺、千分尺、刀口尺、刀口形直角尺、表面粗糙度比较样块的维护和保养。

建议学时

4 学时

学习要求

序号	学习步骤	学习内容	学时	备注
1	领取检测量具	检测量具的领取	0.5	
2	检测对开夹板	1. 百分表的应用 2. 游标万能角度尺的应用	1.5	
3	分析加工质量	对开夹板加工质量分析	1	
4	保养及归还量具	量具的维护与保养	0.5	
5	交付产品	产品交付步骤	0.5	

学习步骤

一、领取检测量具

明确对开夹板检测要素，领取检测量具，填入表 3–14 中。

表 3–14　　对开夹板检测要素及量具表

序号	检测要素	量具名称	量具规格

续表

序号	检测要素	量具名称	量具规格

二、检测对开夹板

1. 由零件图可知，夹板 A 和夹板 B 在加工时，都对个别加工表面提出了平面度、平行度的要求。在加工过程中，你选用了哪些量具？测量时有哪些注意事项？

2. 在加工夹板 A 和夹板 B 的 30° 斜面时，需选用哪种量具进行检测？测量时的注意事项有哪些？

3. 按表 3–15 中项目与技术要求进行检测。

表 3–15　　对开夹板检测项目与技术要求表

序号	名称	配分	项目与技术要求	评分标准	检测记录	得分
1	主要尺寸（49 分）	2 × 5	M8（2 处）	超差不得分		
2		5	ϕ9 mm 通孔	超差不得分		
3		4	ϕ9 mm 沉孔	超差不得分		
4		2 × 4	15 mm（2 处）	超差不得分		
5		2 × 5	48 mm（2 处）	超差不得分		
6		2 × 3	□ 0.05（2 处）	超差不得分		
7		3	// 0.06 *A*	超差不得分		
8		3	// 0.06 *B*	超差不得分		
9	次要尺寸（30 分）	2 × 3	8.5 mm（2 处）	超差不得分		
10		2 × 3	120 mm（2 处）	超差不得分		
11		4 × 3	17 mm（4 处）	超差不得分		
12		2 × 3	30°（2 处）	超差不得分		
13	表面粗糙度（8 分）	8 × 1	*Ra*3.2 μm（8 处）	降级不得分		
14	主观评分（8 分）	3	已加工零件倒角、倒圆、倒钝锐边、去毛刺是否符合图样要求			
15		3	已加工零件是否有划伤、碰伤和夹伤			
16		2	已加工零件与图样要求的一致性以及其余表面粗糙度			
17	更换或添加毛坯（5 分）	5	是否更换或添加毛坯		是 / 否	
18	职业素养	扣分	能正确穿戴工作服、工作鞋、安全帽和护目镜等劳动防护用品。每违反一项扣 2 分			
19			能规范使用设备、工具、量具和辅具。每违反一次扣 2 分			
20			能做好设备清洁、保养工作。不清洁、不保养扣 3 分；清洁、保养不彻底扣 2 分			
总配分		100	总得分			

三、分析加工质量

根据检测结果，分析不合格项目的产生原因，并提出预防与改进措施，完成对开夹板加工质量分析表（表 3–16）的填写。

表 3–16　　对开夹板加工质量分析表

序号	不合格项目	产生原因	预防与改进措施
1			
2			
3			
4			
5			
6			
7			
8			
9			
10			

四、保养及归还量具

检测完毕，规范维护与保养所用量具，并按要求归还。

五、交付产品

将合格产品交付生产技术部。

学习环节六　工作总结与评价

学习目标

1. 能独立完成成果汇报，按分组情况展示作品，使用专业术语讲述任务完成情况。
2. 能记录其他小组对作品的评价和改进建议，独立总结工作经验，优化加工策略。
3. 能结合对开夹板制作完成情况，独立撰写工作总结，并进行成本估算。
4. 能按照“对开夹板的制作”学习任务考核表完成综合评价。

建议学时

4 学时

学习要求

序号	学习步骤	学习内容	学时	备注
1	展示与评价作品	1. 作品展示与评价 2. 缺陷原因分析	2	
2	总结工作经验	1. 工作总结方法 2. 加工策略优化	1	
3	估算成本	成本估算方法	1	

学习步骤

一、展示与评价作品

以小组为单位派出代表介绍自己小组的优秀作品，通过作品展示，锻炼小组成员的表达能力，同时提升每一位成员的专业素养。

1. 选出组内评价较高的作品进行展示，并就作品的实用性、工艺性和产品质量等内容做必要介绍，听取并记录其他小组对本组作品的评价和改进建议。

（1）实用性

（2）工艺性

（3）产品质量

尺寸精度：

表面粗糙度：

2. 所展示作品中有哪些部位存在尺寸缺陷和表面质量缺陷？简要分析是什么原因导致的，并提出避免产生质量缺陷的加工建议。

（1）质量缺陷

尺寸缺陷：

表面质量缺陷：

（2）试提出避免产生质量缺陷的加工建议。

（3）如果下次接到相似的任务，在加工过程中，应优化哪些加工策略？

二、总结工作经验

总结制作对开夹板的心得体会。

1. 通过制作对开夹板，掌握了哪些钳工工艺知识？

2. 通过制作对开夹板，掌握了哪些钳工操作技能？

3. 按照制定的工艺顺序进行加工，对保障产品精度和质量有哪些意义？若变更加工顺序会产生哪些影响？

三、估算成本

1. 总结加工内容、工时，填入表 3–17 并进行成本估算。

表 3–17 对开夹板制作成本估算

序号	加工内容	工时	成本估算项目			成本估算值
			设备	能源	辅料	
1						
2						
3						
4						
5						
6						
7						
8						
9						
10						

2. 在估算对开夹板的成本时，考虑人工费、管理费、税费了吗？如果要计算人工费、管理费、税费，对开夹板的成本应如何估算？重新估算后，把相关追加的成本因素写下来。

“对开夹板的制作”学习任务考核表

考核项目			考核方式及权重					
序号	考核内容	配分	自评		互评		师评	
			占比	得分	占比	得分	占比	得分
1	螺纹装配图的绘制	10	20%		20%		60%	
2	夹板 A、夹板 B 加工工艺过程卡的编制	30	10%		20%		70%	
3	沉孔的加工	15	—		20%		80%	
4	砂轮机安全操作规程的执行	10	—		—		100%	
5	夹板 A 平面度和平行度的检测	15	—		20%		80%	
6	表面粗糙度比较样块的维护保养	10	20%		20%		60%	
7	对开夹板的成本估算	10	10%		20%		70%	
合计		100						

任务拓展

制作燕尾镶配件

一、任务描述

某企业需要制作 30 件如图 3-10 所示的燕尾镶配件，毛坯为两块 72 mm × 45 mm × 10 mm 板料，材料为 45 钢。生产技术部将该项生产任务安排给钳工组，工件表面要求光洁、美观、无毛刺。观看燕尾镶配件的制作微课，明确任务内容。

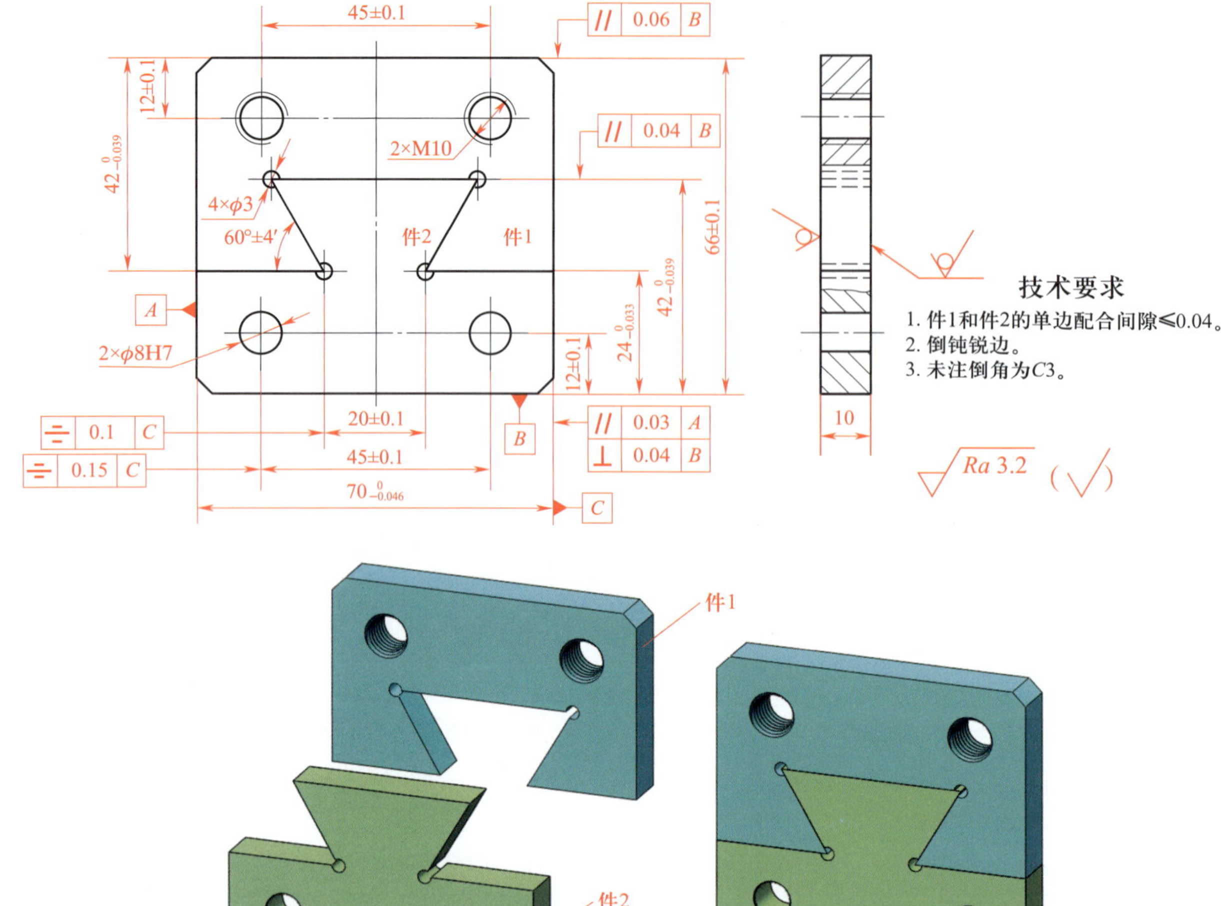

图 3-10　燕尾镶配件

二、评分标准

按表 3-18 中项目与技术要求检测燕尾镶配件是否合格。

表 3-18　燕尾镶配件检测项目与技术要求表

序号	名称	配分	项目与技术要求	评分标准	检测记录	得分
1	主要尺寸（59 分）	4×2	（12±0.1）mm（4 处）	超差不得分		
2		4×3	$42_{-0.039}^{0}$ mm（4 处）	超差不得分		
3		2×3	$70_{-0.046}^{0}$ mm（2 处）	超差不得分		
4		4×2	60°±4′（4 处）	超差不得分		
5		3	$24_{-0.033}^{0}$ mm	超差不得分		
6		2	（20±0.1）mm	超差不得分		
7		2	（66±0.1）mm	超差不得分		

续表

序号	名称	配分	项目与技术要求	评分标准	检测记录	得分
8		6	配合间隙≤0.04 mm	超差不得分		
9		2	∥ 0.06 B	超差不得分		
10		2	∥ 0.04 B	超差不得分		
11		2	∥ 0.03 A	超差不得分		
12		2	⊥ 0.04 B	超差不得分		
13		2	⌯ 0.15 C	超差不得分		
14		2	⌯ 0.1 C	超差不得分		
15	次要尺寸（16分）	2×2	（45±0.1）mm（2处）	超差不得分		
16		2×2	M10（2处）	超差不得分		
17		2×2	ϕ8H7（2处）	超差不得分		
18		4×1	ϕ3 mm（4处）	超差不得分		
19	表面粗糙度（10分）	20×0.5	*Ra*3.2 μm（20处）	降级不得分		
20	主观评分（10分）	5	已加工零件倒角、倒圆、倒钝锐边、去毛刺是否符合图样要求			
21		3	已加工零件是否有划伤、碰伤和夹伤			
22		2	已加工零件与图样要求的一致性以及其余表面粗糙度			
23	更换或添加毛坯（5分）	5	是否更换或添加毛坯		是/否	
24	职业素养	扣分	能正确穿戴工作服、工作鞋、安全帽和护目镜等劳动防护用品。每违反一项扣2分			
25			能规范使用设备、工具、量具和辅具。每违反一次扣2分			
26			能做好设备清洁、保养工作。不清洁、不保养扣3分；清洁、保养不彻底扣2分			
总配分		100	总得分			